오류록 지음

집의 의미

집이 나를 말해줄 때

크럭

Prologue.

삶을 품은 첫 무대

한국에서 '집'이라는 단어는 유난히 무겁다. 집을 말하는 순간 우리는 의식적으로든 무의식적으로든 가격, 입지, 평형, 청약, 대출 같은 단어들을 함께 떠올린다. 내가 어떤 삶을 원하는지보다는 지금의 자금 상황 안에서 가능한 선택은 무엇인지를 우선하게 된다. 그러다 보니 취향보다 조건을 먼저 검토한다. 그래서 누군가에게는 집이 기회의 상징이고 누군가에게는 박탈감의 원인이 된다. 또 누군가에게는 그저 오늘 하루의 피로를 눕힐 바닥이다. 그럼에도 우리는 모두 '좋은 집'을 꿈꾼다. 좋은 집의 기준은 뭘까? 그건 내체 누구의 것일까? 시상의 언어일까? 시대가 만든

통념일까? 아니면 나만의 고유한 욕망일까? 나는 집을 바라보는 이 질문이야말로 우리가 가장 먼저 품어야 할 출발점이라고 생각한다.

한국은 세계에서 아파트에 사는 사람 비율이 가장 높은 나라 중 하나다. 효율과 관리, 치안, 교육, 접근성, 익숙함까지 얻을 수 있는 구조를 찾는 사람들이 아파트를 중심으로 정착했다. 그러나 이 익숙한 구조 안에서도 각자의 삶은 전혀 다른 결로 흐른다. 같은 평면, 같은 벽, 같은 창문을 가지고도 어떤 집은 늘 소란스럽게 살아 있고 어떤 집은 고요하다. 어떤 집은 식탁이, 어떤 집은 침실이 중심이 된다. 결국 집은 형태로 구분되는 것이 아니라 그 안에서 어떻게 살아가는가로 구분된다는 사실을 나는 수많은 인테리어 현장에서 깨달았다.

우리는 오랫동안 집을 선택할 때 삶의 모습보다는 외부 기준을 먼저 참고해 왔다. 하지만 좋은 집은 외부에서 끌어오는 욕망이 아니라 이미 내가 가진 경험과 기억, 관계, 습관 속에서 태어난다. 새로운 집에 대한 욕망 역시 밖이 아니라 안에서 자라난다. 이 책을 통해서 '집을 어떻게 가질 것인가'보다 '집에서 어떻게 살 것인가'를 이야기하고자 한다. 지금 상황이나 조건과는 별개로 나는 어떤 집을 좋아하고 어떤 공간에서 편안함을 느끼는 사람인지,

어떤 감정에 오래 머물고 싶은지, 어떤 풍경을 매일 바라보고 싶은지 생각하며 취향과 추구를 들여다보는 것이다.

국립국어원 표준국어대사전은 살림을 '살아가는 데 필요한 모든 일', '생활을 이루는 방식 전체', '세간과 일상을 꾸리는 행위'로 정의한다. 즉 살림은 공간보다 먼저 삶의 태도와 마음가짐을 가리킨다. 그래서 부모님의 품을 떠나 독립했다고 해서 곧바로 살림을 시작하는 것은 아니다. 살림은 독립의 순간에 생기는 것이 아니라 '이제 나는 나의 공간을 책임지고 가꾸겠다'라는 결심이 마음에 자라나는 시점에 시작된다. 마음이 살림을 준비할 때 비로소 우리는 공간을 대하는 태도도 달라진다.

이때부터 집은 단지 잠을 자고 물건을 두는 장소가 아니라 나를 돌보고 성장시키는 기지 같은 공간으로 성격이 바뀐다. 공간을 가꾸고 싶다는 마음의 이유도 자산 증식이 아닌 나를 잘 살게 하기 위함으로 변한다. 몸과 마음이 숨을 고를 수 있는 작은 공간이 있다는 건 우리에게 큰 안정감을 준다. 그리고 살림이라는 개념을 이해하는 순간 그것이 곧 삶의 방식이라는 사실을 더 선명하게 깨닫게 된다. 집 안의 사소한 장면들도 그 의미가 달라진다. 결국은 내가 어떤 사람으로 살고 싶은가를 선명히 드러낸다. 집을 고르는 일은 사실 나의 삶을 고르는 일이다.

SNS에는 완벽하게 꾸며진 집이 넘쳐나고 인테리어 시장은 거대해졌다. 하지만 실제로 공간을 바꾸고자 찾아온 사람들의 마음을 들여다보면 그 욕망의 시작점은 놀라울 만큼 단순하고 사적이다. 햇빛이 드는 아침을 만나고 싶어서, 요리할 때 아이 얼굴이 더 잘 보였으면 해서, 다시 시작하는 마음을 집이 함께 품어주었으면 해서, 주말마다 쌓아두던 피로를 덜어내는 방이 하나 있었으면 해서, 멋져 보이기 위해서가 아니라 살고 싶은 감정을 공간 안에 정착시키고 싶어서 사람들은 집을 바꾼다. 외형은 언제든 바꿀 수 있지만 의미가 없으면 집은 금세 공허해진다. 집을 움직이는 진짜 힘은 이미 우리가 가진 일상의 태도 속에 있다.

나는 인테리어 일을 하며 수많은 집에 초대받았다. 사람들의 집은 한 장의 사진으로는 다 보이지 않는 삶의 단서들로 가득했다. 같은 구조의 집이라도 사는 사람에 따라 전혀 다른 삶의 온도를 갖게 된다는 사실을 그들의 집 안에서 직접 보며 배웠다. 누군가는 공간에서 용기를 채웠고 누군가는 공간에서 쉼을 회복했으며 누군가는 새로운 삶을 다시 시작할 힘을 얻었다. 그것들을 가까이에서 볼 수 있었던 것은 나에게 큰 행운이었다. 이 책은 그 행운 앞에서 느꼈던 감정을 한 번쯤 말로 건네고 싶어 시작한 기록이다.

같은 공간이라도 어떤 감정이 머무르고 어떤 습관이 쌓이느냐에 따라 완전히 다른 집이 된다. 집은 결국 감정이 살고 기억이 머물고 시간이 축적되는 가장 사적인 공간이다. 이 책을 통해 그 이야기를 함께 발견해 나갈 수 있기를 바란다. 책을 읽는 동안 익숙한 풍경이 낯설어지고 그 낯섦이 새로운 이해로 이어지며 그 이해가 당신의 삶을 조금 더 편안하게 만드는 순간이 찾아오기를, 당신의 집이 다시 당신을 안아주는 공간이 되기를. 이제 그 여정을 천천히 시작해 보려고 한다.

Contents

Contents

1장
삶의
문을

열다

오랜 시간 우리는 집을 정답이 있는 구조물로 받아들였다. 인테리어 상담을 할 때도 대부분 고객이 집이 정해준 구획을 그대로 따라가려고 한다. 현관은 들어오고 나가는 곳, 거실은 티브이를 보는 곳, 주방은 요리하는 곳, 침실은 잠을 자는 곳. 익숙하다는 이유로 공간이 내게 어떤 감정을 남기는지, 혹은 나의 생활 방식과 잘 맞는지에 대해서는 깊이 질문하지 않았다.

하지만 집은 설계시가 아닌 그 집에서 살아가는 구성원들이 완성해야 한다. 고정관념을 깨고 집 안의 각 공간이 가진 감정과 역할, 가능성을 들여다보면 반드시 새로운 의미가 드러난다. 우리는 모두 특별하다. 남들이 보기에는 비슷해 보이는 집이라도 안으로 들어가면 반드시 그 사람만의 리듬과 패턴이 있다. 이는 누가 어떤 삶을 살고 있는지에 따라 달라진다.

신혼부부라면 식탁 하나에도 서로의 일상을 맞추는 대화가 담겨 있고 일인 가구는 침대 근처의 협탁이 하루의 안정감을 책임지기도 한다. 비혼주의자에게는 취향을 반영한 작업 공간이 집의 중심이 되고 노년의 삶에는 무릎에 부담을 주지 않는 동선 하나가 매일의 피로를 줄여주는 역할을 한다. 반려동물과 함께하는 집에서는 전혀 다른 동선과 눈높이가 공간을 완성한다.

어린 시절, 방학이 시작되면 우리는 생활 계획표를 그렸다. 원형의 표 안에 아침 기상 시간과 식사, 숙제, 놀이, 낮잠 같은 일정을 나열하고는 했다. 집에도 그 방식을 적용해 보면 좋다. 24시간, 7일 동안 가족 구성원들이 어떤 공간에서 얼마나 시간을 보내는지 기록해 보는 것이다. 점유 시간을 적어 보면 우리 가족에게 정말 부족했던 공간이 무엇인지, 혹은 불필요하게 크게 차지하고 있던 공간이 무엇인지를 알 수 있다.

공간을 바꾸는 일이란 반드시 대대적인 공사를 의미하지 않는다. 덜 중요한 공간에서 조금 떼어오거나 다목적 공간인 거실을 상황에 따라 전환해 쓰는 것만으로도 충분하다. 핵심은 공간의 크기가 아니라 의미와 무드를 어떻게 전환하느냐에 있다. 익숙하다고 느꼈던 집의 풍경에서 새로운 감정이나 기능을 발견할 수 있다면 그 자체로 책의 첫 번째 목적을 이루는 것이다.

공간은 설계도의 치수와 선으로는 포착되지 않는 내밀한 이야기를 묵묵히 드러낸다. 현관은 하루의 무게를 내려놓는 의식의 무대가, 거실은 관계가 교차하는 광장이, 주방은 보이지 않는 헌신의 기록장이 된다. 작곡가가 악보로 대화하듯 공간 전문가들은 '레이아웃Layout'이라는 언어로 소통한다. 레이아웃의 사전적 의미는 '배치, 설계, 구성'이다. 종이에 선을 긋고 가구를 두고 동선을 정리하는 기술적 언어처럼 보이지만 실제로는 그 집의 사고방식, 습관, 태도를 가장 정확하게 보여주는 일종의 '생활 지도'이기도 하다.

나는 인테리어 상담 과정에서 레이아웃을 읽으며 그 사람의 하루를 그려본다. 어디에서 하루를 시작하고 어떤 동선을 반복하며 어떤 공간에 에너지를 쓰고 있는지 생각한다. 레이아웃을 읽는다는 것은 곧 사람을 읽는 일이다. 집은 우리의 시간과 기억, 태도가 모여 하나의 이야기를 이루는 곳이기 때문이다. 그 이야기의 문장을 더 섬세하게 읽어내려는 시도가 당신의 집을 새롭게 써 내려가는 첫걸음이 될 것이다.

현관

세상과

나의
경계

세상과 나를 구분 짓는 일

출근길 아침 나는 종종 현관 앞에서 발걸음을 멈춘다. 티셔츠를 입어도 괜찮을지, 아니면 PK 셔츠가 나을지 고민한다. 단정한 단색 운동화로 회사 대표다운 균형을 잡을지, 반바지 차림에 어울리는 가벼운 운동화로 마음을 풀어둘지 잠시 망설인다. 내 기준은 단순하다. 색이 자연스럽게 어울리는지와 오늘 마주할 자리에 어색하지 않을지를 고려한다. 고객 앞에 서 있는 내 모습이 조화롭게 보일 수 있는가를 가늠하는 것이다.

미팅이 없거나 비교적 편안한 업무만 보는 날에는 운동화가 오히려 자유로움을 준다. 반대로 중요한 자리에는 단정하게 빛나는 로퍼 한 켤레가 나를 지켜주는 방패가 된다. 한 번은 현관문 손잡이를 잡다가 다시 돌아서서 옷을 갈아입은 적도 있었다. 오늘 마주할 사람들 사이에서 내가 어떤 간격으로 서고 싶은지 다시 계산해 보니 수정이 필요하게 느껴졌다. 이런 과정을 거칠 때 현관은 단순한 출입구가 아니라 오늘의 나를 확정하는 편집실이 된다.

일과를 마치고 현관문 앞에 선 나는 두 명의 사람이다. 한 명은 이제 막 밖에서 돌아온 사람이고, 다른 한 명은 서서히 자신의 사적인 표정을 되찾는 사람이다. 현관은 그 두 얼굴 사이에서 한 쪽을 다독이고 다른 쪽을 불러낸다. 사회적 가면과 사적인 정체성이 맞물리는 현관은 늘 그런 전환의 긴장을 품어낸다. 그래서 현관은 집 안에서 가장 짧게 머무는 공간이면서도 가장 진실한 장소일지 모른다. 바깥과 안을 가르는 경계선이자 하루 동안 쓰고 있었던 여러 모습의 가면이 잠시 벗겨지는 자리이기 때문이다. 현관 앞에 서면 회사에서의 목소리, 사회가 요구하는 단단한 표정, 남들에게 보이기 위한 태도가 아주 미세하게 흔들린다. 문을 열기 직전의 짧은 정적 속에서 우리는 집 안에서 마주할 또 다른 '나'의 얼굴을 준비한다. 가방을 내려놓는 작은 동작, 신발을 벗는 느린 리듬, 그 안에 하루가 얼마나 무거웠는지가 고스란히 스며 있다.

힘든 날이면 현관에서 한 박자 숨을 고른다. 안쪽의 얼굴로 들어가기 위한 짧은 통과의례다. 아이가 있는 집이라면 그 순간은 더 분명하다. 문이 열리고 작은 발이 달려오는 소리가 들린다. "아빠 왔다!" 그 한마디는 오늘의 잡음을 모두 지우고 집의 문장을 새롭게 시작하게 한다. 그러나 모든 사람이 집 안의 자신을 더 편하게 느끼는 것은 아니다. 어떤 날은 현관문을 잡은 손이 쉽게 돌아가지 않을 때도 있다. 스스로 안다. 사회에서 쓴 얼굴이 오히려 집에 있는 나보다 더 익숙하고 편하게 느껴진다는 사실을 말이다. 그래서 현관은 그런 진실이 가장 섬세하게 드러나는 자리다. 바깥의 나와 안쪽의 나 사이에서 흔들리는 감정, 관계의 온도, 내가 어디에 머물고 싶은지에 대한 마음의 방향이 가장 먼저 표정으로 스며든다.

이 경계에서 느껴지는 감정이 조금이라도 따뜻했으면 한다. 아직 집이 편안하지 않은 사람이 있다면 언젠가는 집이 그 사람을 부드럽게 품어주는 날이 오기를 바란다. 세상에서 가장 편안하게 긴장을 내려놓을 수 있는 장소가 집이라는 사실을 마음 깊이 느낄 수 있기를, 아직 머물 자리를 찾지 못한 내가 있다면 진짜 나를 쉬게 할 공간을 다시 세울 수 있기를 조용히 응원한다. 현관 문턱에서 더 이상 주지하지 않고 나다운 얼굴로 들어가는 그 순간, 한 사람의 삶을 완성하는 가장 사적인 세계가 펼쳐진다.

나는 현관을 설계할 때 두 가지를 고려한다. 첫째, 이 문을 드나들 때 어떤 마음으로 하루를 여닫고 싶은지. 둘째, 그 마음을 자연스럽게 불러내는 장치는 무엇인지. 이 질문에 답하면 현관의 디테일이 결정된다. 벤치의 길이, 거울의 높이, 조명의 색온도, 문을 여닫는 방식까지 정할 수 있다. 장치가 많고 적은 것은 크게 중요하지 않다. 그것들이 모여 당신만의 첫 문장을 어떻게 만들어내는지가 가장 중요하디.

작은 장치들의 합이 감정을 바꾼다. 도어락의 소리도 어떤 날에는 반가운 인사이고 어떤 날에는 날카로운 경고음이다. 센서

등이 켜지는 찰나의 시간은 그날의 피로를 가늠하는 척도처럼 느껴진다. 아침에는 현관 벽에 드리우는 빛이 선명해진다. 바람이 불면 신발장 위의 작은 캔들이 잔잔하게 흔들린다. 비 오는 날 문을 열면 우산 끝에서 물방울이 뚝뚝 떨어지고 습기 섞인 공기가 발끝을 감싼다. 겨울 저녁 장갑을 벗는 순간에는 손등을 스치는 찬 기운이 가득 번져 온다. 문을 닫는 소리를 듣고 달려온 반려동물의 눈빛이 화면의 초점처럼 선명해진다. 그 모든 순간이 모여 하루의 시작과 끝을 정리한다. 현관은 늘 그 자리에 있지만 카메라가 느리게 잡아낸 장면 속에서는 더 분명히 보인다. 그곳은 단순한 통로가 아니라 우리 일상의 리듬을 조율하는 작은 극장이다.

인테리어 일을 하며 수많은 현관을 보았다. 흥미로운 건, 현관에 사소한 흔적들이 모일 때 하나의 성격이 보인다는 것이다. 자주 신는 신발과 가끔 신는 신발의 거리, 슬리퍼의 사용 유무, 도어락 비밀번호의 규칙, 말발굽과 안전고리와 같은 것들이 집주인의 성격을 설명해 주었다. 현관에 쌓인 택배박스는 '바깥의 시간'이 집 안으로 들어온 흔적이었다. 그래서 정리는 단순한 미관이 아니라 내 삶의 영역을 회복하는 일이 되기도 한다.

기억에 남는 사례들도 있다. 한 고객은 반려견 때문에 중문 설치를 고민했다. 답답해서 싫다면서도, 현관문만 열리면 강아지가 튀어 나가는 것이 늘 두려웠다. 결국 선택한 것은 '투명 중문'이었다. 인테리어가 끝난 뒤 그는 중문이 단순한 장치가 아니라 사랑하는 존재를 지켜주고 퇴근 후 달려오는 순간을 액자처럼 담아내는 프레임같다고 했다.

축구선수가 꿈인 여덟 살 아이를 키우는 고객은 현관에 작은 세면대를 설치했다. 운동을 좋아하는 아이가 밖에서 뛰어놀고 들어왔을 때 자연스럽게 손 씻는 습관을 만들고 싶었고 산책 후 강아지의 발도 바로 씻기고 싶다는 이유였다. 세면대 하나가 아이의 하루 리듬과 반려견의 안전을 동시에 지켜주는 장치가 된 셈이다.

또 다른 고객은 현관을 '마지막 드레스룸'으로 사용했다. 그는 신발을 신기 전까지 착장의 어딘가가 늘 미완성처럼 느껴진다며, 결국 현관 옆에 작은 의류 수납공간을 마련했다. 그 공간에는 외출 직전 갈아입을 가능성이 있는 옷 한두 벌을 같이 들고나와 잠시 걸어둘 수 있는 작은 헹거가 놓여 있다. 전신거울 앞에 서서 준비된 옷과 오늘의 얼굴을 동시에 점검한다. 오늘 어떤 모습으로 세상에 설지를 결정하는 작은 의식 같았다.

노년의 부모님을 위해 현관에 벤치를 설치한 사례도 잊히지 않는다. 고객의 부모님은 무릎이 좋지 않아 신발을 신거나 벗는 게

매번 부담이었고 그 과정에서 균형을 잡느라 벽을 짚는 모습이 자주 보였다. 그런데 벤치 하나를 두니 움직임이 훨씬 안정됐다. 잠깐 앉아 숨을 고르며 신발을 신을 수 있는 여유가 생기면서 부모님의 표정은 눈에 띄게 편안해졌다. 작은 가구 하나가 삶의 속도를 부드럽게 바꿔놓는 순간이었다.

코로나 이후 현관은 또 다른 역할을 맡았다. 마스크 걸이, 손 소독제, 택배박스가 줄을 섰고 현관 매트는 바깥의 먼지를 먼저 받아냈다. 문이 열리면 도어락의 짧은 알림음이 경계선을 긋듯 울렸다. 신발을 벗고 귀를 누르던 마스크 고리를 툭 풀어 걸이에 걸었다. 안경에 서리던 김이 가라앉으면 소독제의 차가운 냄새가 손끝을 타고 올라왔다. 현관에서 마스크를 벗자마자 욕실로 뛰어가 손을 씻는 동작은 루틴이 되었다. 비누 거품이 손등을 감싸고 물줄기가 손목을 지나갈 때면 바깥의 시간이 흘러내리는 기분이 들었고 짧은 30초가 마음을 정돈했다. 위험이 안으로 들어오지 못하도록 막는 방어선이자 바깥에서 묻어온 피로와 긴장, 작은 걱정들을 현관에 내려놓고 들어오는 일이었다.

우리는 각자의 방식으로 삶을 살고 그 안에서 집의 의미를 키워간다. 사소한 그 선택들이야말로 내가 어떤 삶을 살고 싶은지를 드러낸다. 집은 늘 우리를 닮는다. 결코 부질없는 일이 아니다.

핀란드의 건축가 유하니 팔라스마는 문손잡이를 처음 잡는 순간을 '건물이 건네는 악수'라고 표현했다. 생각해 보면 집과 나의 첫 만남은 현관에서 이루어지고 그 첫 접촉은 현관 손잡이를 잡는 손끝에서 시작된다. 우리는 사람과 악수할 때도 손의 온도와 힘, 손바닥의 감촉을 통해 상대의 태도를 읽어내듯 현관문 손잡이 역시 그 집이 어떤 마음으로 나를 맞이하는지 은근하게 드러낸다. 손잡이는 결국 집과 나 사이에서 맺어지는 첫 번째 악수라고 할 수 있다.

손잡이가 악수의 감촉이라면 시건 장치에서 흘러나오는 소리와 감각은 집과 나누는 첫 대화에 가깝다. 예전에 사용하던 금속 열쇠는 '딸깍' 잠금이 풀릴 때마다 특유의 물성과 소리를 들려줬다. 금속이 부딪치면서 생기는 작은 울림, 오래된 문에서 풍기는 기름 냄새, 열쇠의 묵직한 무게감까지 그 모든 요소가 지금 집이 열린다는 신호이자 그 집이 어떤 성격을 지녔는지를 알려주는 언어였다. 열쇠는 소리와 감각을 통해 집의 과거를 조용히 들려주는 장치였다.

예전에는 금속 열쇠를 돌리는 감촉이 집의 첫인상을 만들었다면 지금은 터치패널과 금속 프레임으로 이루어진 도어락이 역할을 대신한다. 유리 텍스처의 매끈함, 손끝에 전해지는 미세한 진동, 잠금이 풀릴 때 나는 짧은 알림음까지 도어락은 집이 가진 성향을 은근하게 드러낸다. 아날로그 열쇠의 감성도 물론 매력적이지만, 나는 비밀번호로 현관과 소통할 수 있다는 점 때문에 도어락을 더 좋아한다. 비밀번호를 누르는 행위는 곧 나만의 코드로 집에 말을 거는 일이기 때문이다.

숫자 네 자리 혹은 여섯 자리에 담긴 사연들은 집이 뭘 지키기를 원하는지 그리고 어떤 기억을 간직하고 싶은지를 말하는 또 다른 언어다. 누구에게도 쉽게 보여주지 않는 네 자리 혹은 여섯 자리에는 사랑했던 순간들과 잊고 싶지 않은 날, 지켜내고 싶은 마음이 고스란히 담겨 있다. 숫자로 기록된 가장 압축된 자기 서사라고 할 수 있다.

20대 시절, 친구의 자취방 비밀번호는 옛 연인의 생일이었다. 이미 헤어진 사이였지만 그는 번호를 바꾸지 않았다. 아마도 그 시절을 무의식적으로 붙잡아 두고 싶었던 걸까. 그 집의 문은 늘 과거의 시간으로 열렸다. 나의 비밀번호는 달랐다. 가족만이 아는 암호 같은 조합이었다. 나와 아내만 알고, 아이가 자라며 처음 배우게 될 숫자였다. 그 안에는 우리의 하루와 비밀이 들어 있었다.

아이의 첫걸음마 날짜를 비밀번호로 삼은 가족이 있었다. 문을 열 때마다 가족이 함께 걷기 시작한 날의 기억이 되살아났다. 멀리 떨어져 사는 어머니의 생일을 비밀번호로 삼은 사람도 있었다. 현관 앞에서 네 자리를 누를 때마다 어머니의 얼굴이 떠올랐고 실제로 어머니의 생일을 잊지 않을 수도 있었다. 도어락은 그리움을 잇는 다리가 되었다. 집에 들어서는 순간부터 마음은 이미 가족 곁에 닿아 있는 셈이었다.

시간을 기록하는 방식으로 비밀번호를 쓰면 집은 가족 연대기의 한 부분이 된다. 어릴 적 학번, 첫 직장 입사일, 잊고 싶지 않은 여행 날짜도 사용할 수 있다. 그렇게 모인 비밀번호는 가장 짧은 형식의 자서전이다.

깊어진 공간이 비추는 하루

한 유명인이 현관 거울 앞에서 "외모 첵!"을 외치며 웃는 모습으로 화제가 된 적이 있다. 그 장면이 많은 사람에게 웃음을 준 이유는 단순하다. 누군가의 자신감 있는 모습에 입에 착 달라붙는 한 단어가 더해졌기 때문이다. 짧지만 강렬한 표현 하나가 다른 사람들의 마음을 밝히는 힘을 발휘한 셈이다.

현관에 놓인 거울은 때에 따라 작은 무대가 된다. 우리는 거울을 보며 몸을 세우고 마음을 다잡고 자신감을 연출한다. 셔츠 깃을 다듬고 귀걸이 위치를 고치고 오늘의 착장을 기록한다. 한동안 우리 집 현관에는 거울이 없었다. 양치하며 화장실 거울 속의 앞모습을 꼼꼼하게 확인하면서도 옷을 입은 뒤의 내 모습은 확인하지 못한 채 익숙한 신발을 아무렇지 않게 집어 신었다.

그러던 어느 날, 중요한 미팅에 나서던 길에 무심코 발끝을 내려다보다가 깨달았다. 상의는 셔츠에 정장 재킷을 입어서 신뢰감을 주는 분위기를 연출했는데 발끝에는 편해서 자주 신는 운동화가 그대로 자리하고 있었다. 평소 같았으면 '이 정도면 단정하지' 하고 대수롭지 않게 넘겼을 테지만 그날은 달랐다. 정확하고 완벽한 단정함을 연출하고 싶었다. 비록 구시대적 사고처럼 들릴지 몰라도 중요한 순간에는 머리부터 발끝까지 완성된 모습으로 서고 싶은 마음이 있었다.

나는 그 뒤로 현관에 거울을 들였다. 그 뒤로는 외출 전 현관 거울을 바라보며 나를 차례대로 살핀다. 어깨는 올바르게 펴고 있는지 턱선이 불필요하게 굳어 있지는 않은지 밑단은 흐트러짐 없이 정돈되었는지 확인한다. 이 짧은 확인이 지나면 마음이 한결 단정해진다. 저녁에 마주하는 얼굴은 또 다르다. 머리칼이 흐트러지고 눈가에 피로가 묻어난다. 집에 돌아오면 하루를 살아낸 흔적을 현관의 거울이 담담히 받아준다.

심리학적으로도 거울은 자아를 비추는 스크린이다. 사람들은 자기 점검을 위해 매일 거울 앞에 선다. 오래 머물러 오늘의 얼굴이 타인에게 어떻게 비칠지를 살피는 사람도 있고 흘낏 보고 곧장 나서는 사람도 있다. 거울은 젊음을 유지하는 비밀이 되기도 한다. 자기 객관화를 매일 반복하게 해주기 때문이다.

한 50대 고객은 이렇게 말했다. "하루에 한 번 거울 앞에서 내 얼굴을 보기만 해도 아직 내가 바깥이랑 연결된 느낌이에요." 그는 그 짧은 순간이 놀라울 만큼 일상을 바꿔 놓았다고 말했다. 예전에는 유리에 스치듯 비친 자기 모습이나 화장실 거울 속 상반신 정도만 보고 지나쳤는데 현관에서 전신을 마주하는 시간을 가지면서부터 태도가 바뀌었다고 한다. 자세를 점검하는 작은 루틴이 '외모에 신경 쓰는 사람'을 넘어 '외모에 책임을 지는 사람'으로 그를 성장하게 한 것이다.

변화는 주변의 반응으로 돌아왔다. 자연스럽게 "요즘 얼굴이 밝아 보이세요", "느낌이 젊어지셨어요" 같은 말도 듣게 되었고 옷차림에도 작은 시도를 자주 하게 됐다. 무채색 정장 대신 밝은 셔츠를 고르고 한결같던 스타일에 취향을 조금씩 디했다. 그 과정에서 그는 '나이는 들어도 스타일은 뒤처지지 않는 사람'이라는 새로운 자기 이미지를 얻게 되었고 그것은 매일의 마음가짐을 단단하게 해주는 힘이 되었다. 그에게 거울은 나이를 잊게 하는 강력한 장치였다.

아이와 함께하는 순간의 거울은 또 다른 세계다. 아이는 생후 18개월쯤 거울 속 자신을 알아보는데 그 과정에서 새로운 세상에 눈을 뜬다. 거울 앞에서 손뼉을 치거나 몸을 뒤척이며 터져 나오는 웃음은 집 안 가득 퍼진다. 아이의 순수한 눈빛과 몸짓이 거울에 비쳐 돌아올 때 어른들은 그 순수함을 바라보며 유쾌한 마음을 얻는다. 거울은 아이에게 세상의 창이 되고 어른에게는 웃음을 돌려주는 장치가 된다. 어느 쪽이든 거울은 매일 반복되는 자기 객관화의 의식이다.

거울은 공간에도 마법을 건다. 좁은 현관을 물리적으로 넓힐 수는 없지만, 바닥부터 천장까지 세운 전신 거울로 빛을 끌어들이고 깊이를 만들 수 있다. 덕분에 공간이 두 배로 확장된 듯한 착시가 생긴다. 한 고객은 이렇게 말했다. "거울을 설치한 뒤로 집이 커진 것 같아요." 면적은 그대로지만 공간감은 분명 달라진 것이다. 집 안의 시선 흐름을 부드럽게 바꾸어 막혀 있던 벽을 열린 창처럼 느끼게 하고 진입 동선에서 느껴지는 답답함을 지워 공간의 짧은 숨을 더 길게 만들어준다.

자연광과 조명을 반사해 어둡던 현관을 하루 종일 밝게 만드는 것도 큰 장점이다. 작은 조명 하나만 켜도 거울이 벽 전체에 은은한 빛을 퍼뜨려 조명 하나를 더 둔 것 같은 분위기를 만들어낸다.

무엇보다 거울은 공간의 비례감을 정교하게 조정한다. 가로로 배치하면 폭이 넓어 보이고 세로형으로 쓰면 층고가 높아 보인다. 이 단순한 선택만으로도 같은 면적의 집이 완전히 다른 공간으로 느껴진다. 그래서 거울은 그저 그런 인테리어 소품이 아니라 공간을 다시 설계하게 만드는 장치에 가깝다. 벽 한 면을 허물지 못한다면 그 벽을 열어주는 도구로 거울만큼 효과적인 것은 드물다.

거울로 인해 공간은 깊어지고 깊어진 공간은 다시 우리를 들여다보게 만든다. 결국 집이 바꾸는 것은 벽의 구조가 아니라 사람의 내면이다.

돌아올 곳이 있다는 것

외출이 두려운 날이 있다. 몸은 이미 바깥을 향하는데 마음은 집 안에 남아 있는 날이다. 나는 중요한 미팅이나 계약이 있는 날마다 현관 손잡이를 잡은 채 깊게 숨을 고르곤 했다. 손에 땀이 차는 동안 '괜찮을까?' 하는 두려움과 '잘할 수 있다'라는 다짐이 교차했다. 신발 끈을 조여 매는 동작은 그 모든 감정을 묶어내는 의식 같았다. 현관은 내게 의지와 긴장을 동시에 안겨주는 작은 무대였다.

드라마 《미생》 첫 화에는 장그래가 양복을 입고 집을 나서는 장면이 나온다. 대사는 거의 없지만 현관 앞에서 신발을 신는 그의 어색한 몸짓과 굳은 표정만으로도 긴장이 전해진다. 처음 사회인이 되는 마음의 무게가 말 대신 그의 얼굴에 새겨져 있다. 나 역시 처음 출근한 날 거울 앞에서 옷매무새를 여러 번 고치며 떨리는 마음으로 현관에 서 있었다. 이 문을 나서는 순간부터는 내가 새로운 역할을 해내야 한다는 생각에 거듭 다짐을 했다.

지친 퇴근길의 현관은 안식 그 자체였다. 무거운 몸을 이끌고 문을 열면 센서 등이 켜지며 나에게 위로를 건네는 듯했다. 엘리베이터 문이 열리고 좁은 복도에 들어서는 순간 바깥의 울림은 사라지고 고요가 차오른다. 문을 닫고 신발을 벗는 그 짧은 동작 속에서 "집이다!"라는 말이 절로 나온다. 가방을 내려놓고 양말을 벗으며 발바닥이 현관 타일에 닿으면 하루의 무게가 바닥으로 흘러 내린다. 퇴사하던 날 저녁에는 같은 현관 앞에서 묘한 해방감을 느꼈다. 긴장 대신 안도의 숨을 내쉬며 무사히 버텨냈다고 스스로 다독였다.

휴가를 앞둔 날은 설렘으로 가득했다. 여행 가방을 끌고 현관을 나설 때의 마음이 출근 때와 달랐다. 신발을 신는 순간 발끝이 조금 더 가벼워지고 문손잡이를 잡을 때 손목에 미세하게 힘이 빠졌나. 여행 가방의 바퀴가 현관 타일 위를 굴러가는 소리는 마치 '잠시 쉬어도 된다'라는 허락처럼 들렸다.

문을 닫기 직전, 나는 현관을 한 번 더 돌아본다. 여행지의 낯선 공기와 설렘이 기다리고 있지만, 길을 나서는 내 등 뒤로는 집의 풍경이 그대로 남아 있다는 사실이 묘한 안도를 준다. 여행이 끝나면 다시 이곳으로 돌아올 거라는 마음이 고요를 만든다. 현관은 떠나는 순간에도 나를 붙잡지 않고 돌아올 자리를 조용히 비워둔다.

여행에서 돌아오는 날 현관은 또 다른 표정을 가진다. 여행지의 풍경에 익숙해질 무렵 우리는 자연스럽게 집을 떠올린다. 열쇠를 꺼내거나 도어락 번호를 누르는 순간, 익숙한 '삑' 소리가 여행의 마지막을 정리해 준다. 문이 열리면 집안 특유의 온도와 냄새와 발끝에 닿는 바닥의 질감이 비로소 돌아왔다는 사실을 실감하게 한다. 낯선 호텔의 침구와 음식, 공항의 소음 속에서 문득 그리웠던 온기가 현관에서 다시 이어진다. 그때의 현관은 설렘을 다시 일상으로 부드럽게 안착시키는 착륙장 같은 곳이다.

인테리어를 의뢰한 고객들의 현관에는 각자의 의식이 담겨 있었다. 현관에 작은 의자를 둔 이는 언제나 차분한 사람이었다. 둥근 안경 너머로는 하루의 피곤함이 녹아 있지만 넥타이를 단정히 풀어내고 광이 은은하게 남은 옥스퍼드 슈즈를 벗어 놓는 모습에서 그가 얼마나 자기 질서를 중시하는지 느낄 수 있었다. 의자에 앉아 지갑 속 명함을 정리하고 열쇠를 트레이 위에 올려놓는 동작은 오래된 의식처럼 일정했다. 한쪽 벽에 가족사진을 걸어둔 현관은 또 다른 마음을 보여주었다. 그는 아침에 집을 나설 때 함께하는 사람들을 생각하며 다짐했고, '저녁에 돌아올 곳이 여기'라는 메시지를 얻으며 안도했다. 말 그대로 가족의 온기를 담아내는 자리였다.

육아 중인 집의 현관은 메시지가 더욱 분명했다. 유아차와 아이의 작은 운동화가 가지런히 놓인 풍경은 이미 그 집의 질서를 말해 주고 있었다. 출근길 배웅을 나온 아이가 "빠이빠이"를 외칠 때 현관은 운동장처럼 환해졌다. 현관 조명 아래 비친 얼굴에는 피곤한 기색에도 살아 있는 온기가 있었고 작은 생명체가 던지는 몇 마디가 어쩐지 가슴을 두근거리게 했다.

우리 집 현관에도 작은 의식들이 있다. 아내는 현관이 조금이라도 지저분해지는 것을 못 견뎌 한다. 그래서 신발은 모두 안으로 넣어두고 바닥 타일이 반짝일 때까지 수시로 닦는다. 굳이 그렇게까지 할 필요가 있느냐고 물으면 아내는 웃으며 말한다. "여기가 깨끗해야 안심이 돼." 나를 안심시키는 시작점이 있듯 아내에게 안도를 보장해 주는 공간은 현관이었다.

내향적인 사람에게 현관은 작은 모험의 전초기지다. 현관에 서서 괜히 날씨 앱을 다시 확인하고 친구의 카톡 알림이 정말 오지 않았는지 몇 번이고 들여다본다. 신발 끈을 천천히 묶으며 혹시라도 약속 취소 메시지가 오지 않을까 기대한다. 손잡이를 잡는 순간은 마치 출발선에 서는 결심 같고 돌아와 현관문을 닫는 순간의 고요는 온몸을 감싼다.

반면 외향적인 사람에게 현관은 설렘의 출발선이다. 외출복을 챙겨 입고 거울 앞에서 매무새를 정리하는 순간부터 기분이 고조된다. 발끝은 이미 리듬을 타듯 가볍고 문을 열며 세상으로 뛰쳐나가는 발걸음은 약간 들뜬 음악처럼 경쾌하다. 귀가할 때 현관은 또 다른 무대가 된다. 친구들과 함께 들어오며 웃음소리가 울리고 손님과 나란히 들어서며 현관은 환영과 자랑이 교차하는 공간이 된다.

하지만 결국 집으로 돌아왔을 때 안도가 느껴지는 현관의 분위기는 모두 같다. 딱 한마디로 표현된다. "아~ 집이다." 드라마 《응답하라 1988》 속 덕선 아버지의 일상을 보면 느낄 수 있다. 하루 종일 은행 창구와 고객 사이에서 긴장을 견디고 지친 몸으로 골목길을 지나 집 현관에 들어설 때, 가족들은 늘 같은 말로 그를 맞았다. "왔어?" 짧은 두 글자 속에 하루의 무게가 풀리고 표정이 달라진다. 세상은 낯선 이에게 "누구세요?"라고 묻고 예의를 지키며 "어떻게 오셨어요?"라고 인사하지만, 집 안에서는 단 두 글자로 충분하다. 그 간소함이 바로 가족의 언어이고 사랑의 언어다. 우리가 집을 그리워하는 이유도 단순한 말이 주는 포근하고 다정한 생략 속에 있는지 모른다. 돌아올 수 있다는 사실이 우리를 견디게 한다.

거실
함께
머무르기

목적을 잃어야 보이는 것들

　현관을 지나 집 안으로 들어오면 가장 먼저 보이는 곳이 거실이다. 거실은 집 안에서 가장 개방된 자리이면서 사람이 하루 중 가장 오래 머무는 자리다. 소파에 앉은 사람의 표정과 티브이의 유무, 벽에 걸린 그림, 선반 위의 소품들이 집의 성격을 말한다. 낯선 방문자에게는 집의 분위기를 알려주고 그 집에 사는 사람에게는 편안한 숨을 고를 수 있게 해준다. 호기심과 안도감을 동시에 가진 공간이라고 할 수 있다. 거실을 바라보면 삶이 읽힌다.

　호텔 문을 열었을 때의 장면을 떠올려 보자. 침대와 두꺼운 커튼, 그리고 커튼을 열면 드러나는 창문 밖의 멋진 풍경, 우리는 언제나 가장 먼저 빛이 있는 방향을 바라본다. 자연보다 완벽한 예술품은 없기 때문이다. 그래서 사람들은 한강뷰의 잔잔한 물결, 마운틴뷰의 능선, 시티뷰의 밤빛, 탄천뷰의 여유로운 초록을 사랑한다. 서로 다른 풍경이지만 공통점은 하나다. 그곳에는 빛이 머물러 있고 그 빛이 공간의 온도와 기분을 결정한다. 빛이 흔들리는 만큼 삶의 표정도 흔들리고 빛이 머무는 만큼 마음도 머물기 때문이다.

그래서 거실은 집 안에서 자연을 가장 크게 담아내는 캔버스라고 할 수 있다. 만약 창밖이 풍경을 내어주지 못한다면 시선은 집 안으로 향한다. 한 점의 예술 작품, 시선을 따뜻하게 끌어당기는 조명, 감각을 깨우는 가구의 결, 손끝이 닿는 질감이 또 다른 풍경이 된다. 결국 거실이 품는 풍경은 창밖의 자연에만 의존하지 않는다. 그 집이 어떤 삶을 가지고 있고 어떤 감정이 흐르고 있으며 무엇을 중요하게 여기는지까지 스스로 말한다.

거실은 하나의 목적만을 위해 존재하지 않는다. 책을 읽는 서재가 되기도 하고 함께 식사하는 식당이 되기도 한다. 손님을 맞이하는 응접실이자 가족이 조용히 머무는 쉼터이기도 하다. 수많은 기능이 한데 모여 있는 까닭에 거실은 오히려 목적이 없는 공간이라고 할 수 있다. 목적 없는 공간은 궁금증을 남긴다. 처음 들어선 사람은 이곳이 대화의 무대인지, 휴식의 자리인지, 식사의 장인지 단

번에 알 수 없다. 그래서 더 많은 질문을 던지게 된다. 무엇을 드러 낼지, 무엇을 감출지, 우리는 늘 그 선택 앞에 서게 된다. 다목적이 라는 것은 결국 뚜렷한 목적이 있는 방들 사이에서 다시 새로운 목 적을 찾아가는 과정이다.

아침에는 길게 누운 햇살이 거실 바닥을 스치며 잠깐 머문 다. 식탁 위에는 아직 치우지 못한 컵이 놓여 있고, 아이는 양말 한 짝을 손에 든 채 허둥대며 달린다. 그 옆에서 부모는 커피를 들고 잠 깐 앉아서 몸을 기대어 본다. 짧은 멈춤 속에서 하루를 버틸 힘이 스며든다. 활력과 설렘을 품은 모습이다.

저녁 거실은 은은한 빛으로 공기를 바꾼다. 거실과 식탁이 이어진 집이라면 펜던트 조명이 식탁 위를 밝힌다. 가족들은 그 빛 아래서 저녁을 나누며 대화를 이어간다. 빛은 접시보다 마음을 먼 저 비춘다. 소파가 중심인 거실은 간접조명과 스탠드가 벽을 감싸며 휴식을 권한다. 향초 냄새와 푹 꺼지는 소파의 촉감에 몸을 던지면 집 안은 작은 카페나 라운지처럼 변한다. 해가 지는 때, 그 무용한 순간이 신짜 힘을 가지고 있다. 목적 없는 휴식 속에서 우리를 가장 깊이 품어준다.

거실은 공연장이 되기도 한다. 아이가 소파 위에서 춤을 추면 부모는 가장 열렬한 관객이 된다. 어떤 날은 광장이 된다. 손님이 찾아오면 모두가 원형으로 모여 앉아 대화를 나누고, 와인잔이 부딪치는 소리와 함께 웃음이 번진다. 또 다른 날은 침묵이 흐른다. 각자 다른 일을 하면서도 같은 공간에 있다는 사실만으로 안도감이 생긴다. 고객 상담 자리에서 나는 이렇게 묻곤 한다. "가족이 함께 즐기는 취미가 있으신가요? 없다면 거실에서 새롭게 시작하고 싶은 활동은 무엇인가요?" 고객들은 질문을 듣고 고민하기 시작한다.

대화를 자주 하기를 원한다면 소파를 마주 보게 두는 것도 방법이다. 책을 읽고 싶다면 작은 서재를 두는 것도 좋고, 책이 눈에 거슬린다면 단정히 숨겨주는 수납이 더 어울릴 수도 있다. 8인용 식탁을 들여 모두가 마주 보며 식사와 대화를 나누게 할 수도 있고 창가 쪽에 긴 벤치를 두어 혼자만의 시간을 즐기게 할 수도 있다. 벽에는 가족사진 대신 추억이 담긴 그림을 걸어두고 구석에는 작은 악기를 놓아 즉흥적인 연주를 즐길 수도 있다. 테이블 위의 꽃병, 손이 잘 가는 러그와 쿠션은 모두에게 머물고 싶은 마음을 키우는 장치가 된다. 그렇게 거실은 정해진 기능이 없는 대신 가족의 선택에 따라 늘 다른 풍경을 만들어낸다. 목적을 잃은 듯 보이지만 그 안에서는 새로운 목적이 자라난다.

그러나 거실의 디자인은 어떤 가구를 두고 어떤 색을 배경으

로 삼을지에서 출발하지 않는다. 큰 소파와 넓은 티브이를 들여놓
는다고 거실이 완성되는 것이 아니며 거실이 휴식만을 위한 장소도
아니기 때문이다. 아침 햇살이 스며드는 순간에도, 저녁 조명이 켜
지는 순간에도 그 안에는 가족의 표정과 호흡이 고스란히 담겨 있
다. 오직 함께 머문 시간이 집을 집답게 만든다. 언제나 더 중요한
것은 어떤 배치가 우리를 더 자주 마주 보게 할지, 어떤 빛이 웃음
을 오래 머물게 할지, 어떤 장치가 혼자와 함께 사이를 자유롭게 오
가게 할지 고민하는 것이다. 그 질문에 답하는 순간 거실은 가족의
삶을 가장 따뜻하게 증명하는 역할을 한다.

불빛이 켜지는 낯선 순간

거실에서 빠질 수 없는 매체를 꼽으라면 단연 영상이다. 미디어가 가족의 일상 속으로 들어온 지도 오래되어 이제는 하나의 문화 풍경이 되었다. 어떤 가정은 영상 없는 거실을 꿈꾸기도 한다. 특히 학령기의 자녀를 둔 부모들은 미디어 노출을 줄이기 위해 과감히 티브이나 태블릿을 치워버린다. 그 결심에는 분명한 이유가 있다. 그러나 요즘처럼 단점만 부각하는 시대일수록 오히려 영상의 쓰임을 새롭게 배우는 일이 더 필요하다.

유현준 건축가는 《알쓸신잡》에서 티브이가 현대인의 불멍이라고 표현했다. 원시 시대 사람들이 모닥불 앞에 둘러앉아 불빛을 응시하며 대화를 나누던 풍경이 영상 앞에서 되살아난 것이다. 한 방향을 바라보며 동시에 같은 장면에 웃고 같은 이야기 속에서 울 수 있다. 티브이, 프로젝터, 태블릿이 모두 같은 역할을 한다. 불빛이 켜지는 순간 공간은 영화관이 된다.

우리는 오랫동안 글로 세상을 배웠다. 그림과 사진의 시대를 지나 지금은 영상이라는 언어 속에서 산다. 매체가 달라졌어도 본질은 같다. 이야기를 전하고 상상을 확장하는 것이다. 영상은 아이들의 상상을 빼앗는 존재가 아니라 잘 활용할 수 있는 또 하나의 언어다. 뉴스는 세상의 속도를 알려주고 다큐멘터리는 낯선 세계를 보여준다. 드라마와 영화는 마음의 지형을 탐구한다. 아이들은 애니메이션과 키즈 유튜브 속에서 새로운 세상을 경험한다. 중요한 건 매체를 어떻게 경험하고 어떤 규칙을 세워 활용하느냐에 있다.

거실에서의 영상은 단순한 화면 그 이상이다. 분위기를 전환하는 스위치이자 세대 간의 언어를 이어주는 다리다. 아이는 부모가 해롭지 않다고 믿고 선택한 키즈 채널이나 애니메이션 속에서 또 다른 세계를 경험한다. 물론 그것이 전부는 아니다. 알고리즘은 교묘하다. 장난감 광고와 달콤한 간식, 캐릭터 상품을 끝없이 제안하며 아이들의 시선을 붙잡는다. 부모는 안전한 선택이라 생각해도 아이의 세계는 이미 다른 방식으로 확장된다.

부모 역시 유튜브 쇼츠나 인스타 릴스를 통해 세상을 받아들인다. 영상을 따라가다 보면 본래 관심사에서 잠시 벗어나 전혀 다른 주제를 발견하기도 하고 그 덕분에 새로운 세계를 알아가기도 한다. 이런 흐름은 아이들에게도 동일하다. 결국 아이는 부모가 원하는 방향으로만 자라지 않는다. 화면 속 다양한 자극과 연결되며 자연스럽게 자기만의 관심사를 형성한다.

사실 집에서 함께함의 즐거움을 만드는 장치로는 영상만 한 것이 없다. 부모와 아이가 나란히 앉아 같은 장면을 보고, 같은 장면에 웃고, 같은 장면에 놀라며 대화를 이어간다. 그 시간은 단순한 소비가 아니라 인생의 풍경을 남기는 장치다. 영화의 한 장면이 가족의 대화 주제가 되고 웃음이 교차하는 순간이 세월이 흘러도 잊히지 않는 추억으로 남는다. 책을 읽고 대화를 나누는 것만큼 같은 화면을 바라보며 울고 웃는 경험 역시 가족에게 깊은 추억이 된다. 그래서 우리는 자연스럽게 화면이 주는 감각을 일상에 들여놓게 된다.

우리 집 거실에는 'The Frame더 프레임'이라 불리는 액자형 티브이가 걸려 있다. 평소에는 그림이나 사진을 띄워 마치 한 점의 액자가 걸린 듯한 분위기를 만든다. 반 고흐의 작품을 띄우면 순간적으로 미술관 같은 공기가 흐르고 아이가 좋아하는 애니메이션을 틀면 집이 작은 극장으로 변한다. 화면은 어색한 침묵을 부드럽게 풀

어주는 배경이 되기도 하고 하루의 대화를 이끄는 시작점이 되기도
한다.

요즘은 티브이 외에도 공간이 풍성해지도록 하는 시각적 장
치들이 많다. 짧은 여행 영상만 틀어도 거실이 바다 냄새가 스며든
휴식 공간처럼 느껴지고 빔프로젝터를 켜면 벽은 새로운 감정의 스
크린이 된다. 계절마다 다른 분위기를 띄우는 슬라이드 쇼나 사진
한 장도 공간의 공기를 전환하는 작은 장치가 된다. 이 모든 경험의
끝에는 '함께 머무는 집'이라는 본질이 있다. 시간이 지나면 영상은
잊을 수도 있지만 그 장면을 함께 바라보던 마음의 온도는 오래 남
는다.

집은 우리가 일상을 나눌 때 완성된다. 오늘도 거실의 화면
은 또 하나의 이야기를 띄우겠지만 그 장면을 바라보는 우리의 표정
과 호흡, 그리고 서로를 향한 작은 질문들이 이 공간을 진짜 집으로
만든다. 결국 집은 같은 방향을 향해 앉아 함께 무언가를 바라볼
수 있는 장소다. 그 단순한 사실이 한 가족의 시간을 붙들고 서로의
세계를 이어준다.

아내는 소파 끝자리에 앉아 스마트폰 화면을 무심히 스크롤한다. 특별히 관심 있는 내용이 아닌데도 손끝은 멈추지 않는다. 묻지 않아도 그녀의 하루가 어땠는지 느낄 수 있다. 아내가 휴대폰을 덮고 뒤로 기대 눈을 감으면 아이는 장난감을 들고 내 무릎으로 기어오른다. 나는 그 무게에 기쁘게 눌린다. 종일 아이와 전투를 치르듯 하루를 보낸 아내가 전사처럼 느껴지기도 한다.

만약 마음의 온노를 측정할 수 있는 장치가 있다면 어떨까? 나는 그것이 바로 소파라고 생각한다. 소파에 앉은 자세와 고개를 기댄 각노, 손끝이 쿠션을 움켜쥐는 힘. 모든 것이 오늘 하루를 살아낸 사람의 마음 상태를 보여준다. 아이의 활기가 묻어나는 날도, 서로의 거리가 멀어지는 날도 그 위에는 늘 마음의 흔적이 남는다. 중요한 건 우리가 그것을 읽어내려는 노력이다. 노력은 거창한 게 아니다. 잠시 스마트폰을 내려놓고 상대의 숨을 한 번 더 바라보는 마음, 말보다 표정이 먼저 변할 때 그 작은 떨림을 놓치지 않으려는 일, 오늘의 일을 대신 말하는 '자세'와 '몸짓'을 있는 그대로 받아들이려는 태도다. 결국 마음은 말로만 전해지지 않는다. 소파에 앉은 사람의 자세와 온도, 기대는 방향, 힘이 빠지는 순간들이 그날의 진심을 더 정확히 표현한다.

소파 위에서 나눈 대화는 때때로 마음을 따뜻하게 만든다. 어느 저녁, 아내가 지친 얼굴로 소파에 앉았을 때였다. 나는 아무 말 없이 그녀 옆에 앉으며 가벼운 차 한잔을 건넸다. 아내는 한 모금 마시더니 "오늘 너무 힘들었어"라고 말했다. 그런데 잠시 뒤, 아이의 웃음이 배경음처럼 깔리자 "근데 덕분에 괜찮아졌어"라며 미소를 지었다. 대단한 대화는 아니었지만 그 짧은 고백 하나로 서로의 마음이 훨씬 가까워졌다.

또 다른 기억도 있다. 아이가 잠든 늦은 밤이었다. 집 안이 고요해진 순간 아내가 갑자기 물었다. "우리 몇 년 뒤에는 어떤 모습일까?" 나는 잠시 생각하다 답했다. "지금보다 조금 더 멋지고, 조금 더 지쳤을지도 모르지만… 그래도 여전히 같은 소파에 앉아 있을 걸?" 아내는 그 말을 듣고 천천히 내 어깨에 머리를 기대며 웃었다. 그 순간 나는 소파가 우리의 시간을 함께 안아주고 있다고 느꼈다.

때로는 나란히 앉은 것만으로 긴장이 풀릴 때가 있다. 그런 날은 마주 보지 않아도 옆에 있다는 사실만으로 충분한 위로를 얻는다. 어떤 날은 소파에 앉을 자리가 없어 보이기도 한다. 누군가는 눕고, 또 누군가는 멀찍이 떨어져 앉아 있으면 그 작은 간격이 마음의 상태를 드러낸다. 그래서 나는 가족이 세 사람이어도 4인용 소파가 필요하다고 생각한다. 그 여유 한 자리가 주는 안정감 때문이다. 눕고 싶을 때 눈치 보지 않아도 되는 자유와 또 누군가 옆에 와도 어색하지 않은 거리를 보장받을 수 있다.

사람은 그런 공간의 신호를 민감하게 읽는다. 누구나 여기에 내 자리가 없다는 생각이 스치면 감정이 상할 수 있다. 자리 좀 비켜달라고 말할 수도 있지만 대부분 사람은 그냥 조용히 지나친다. 그렇게 대화와 교감의 기회가 지나간다. 그래서 소파는 그 크기와 배치만으로도 서로에게 함께하고 싶은 마음과 이유를 준다.

가볍게 걸터앉거나 옆에 바짝 붙는 순간, 등을 기대 누울 때도 소파는 가족의 상태를 기록하고 있다. 소파는 언제나 그 자리에

있지만 그 위에 앉는 사람의 감정은 매일 다르다. 어제는 마음이 편안하게 내려앉았다면 오늘은 하루의 피로가 깊게 스며들고 내일은 기대감이 가벼운 탄력처럼 번질지도 모른다. 우리는 늘 같은 집, 같은 소파에 앉지만 마음은 단 한 번도 같은 모습으로 머물지 않는다. 날씨처럼 변덕스럽고 파도처럼 밀려왔다 밀려가며 때로는 이유도 모른 채 조금 더 무겁거나 조금 더 말랑해져 있다.

그렇기에 집이라는 공간은 완벽한 고정점이라기보다 우리가 흔들릴 수 있는 여지를 받아주는 유연한 그릇에 가깝다. 소파는 그릇의 중앙에 놓여 있다. 우리가 어떤 마음으로든 걸터앉을 수 있도록, 기대고 눕고 흘러내릴 수 있도록 그대로 비워진 자리가 바로 소파다. 기분이 좋을 때는 기쁨을 더 크게 만들어주고 슬픈 날에는 초점 잃은 눈빛을 조용히 받아준다. 어느 하루는 놀라울 정도로 가벼운 몸짓이 남고 또 어느 하루는 아무도 모르게 복잡한 감정이 쿠션 틈에 깊게 스며든다.

우리는 감정이 큰 사건에서 비롯된다고 생각하지만 사실 대부분 마음은 사소한 틈에서 자라난다. 잠을 설친 날의 후줄근한 복장과 쌓인 피로, 예기치 못한 말 한마디, 출근길에 마주한 날씨, 아이의 웃음 한 번, 배우자의 표정을 본 짧은 순간. 이 작은 흔들림이 쌓여 하루의 기분을 만든다. 그리고 그 작은 파동을 가장 가깝게 기록하는 곳이 소파다. 소파가 그날그날 다른 모습의 우리를 받아주며 묵묵히 맞아주는 이유는 감정이 그렇게 변하기 쉬운 존재라는 걸 알기 때문일지도 모른다.

소파는 변덕스러운 나를 탓하지 않는다. "오늘은 조금 멀찍이 떨어져 앉고 싶구나", "오늘은 기대고 싶구나", "오늘은 그냥 가만히 있고 싶구나"라고 말없이 받아준다. 매일 다른 마음으로 앉아도 무너지지 않고 어떤 자세로 앉아도 이상하지 않다. 그 느슨한 허용이야말로 집이 주는 가장 큰 위로다.

결국 매일의 감정이 다르다는 사실은 불안의 근원이 아니라 삶이 끊임없이 움직이고 있다는 증거다. 같은 소파에 앉더라도 마음이 달라지는 이유는 우리가 여전히 살아 있고 배우고 있고 사랑하고 있기 때문이다. 집은 그 변화를 기록하고 거실의 소파는 그 기록을 조용히 품어준다. 감정이 한곳에 고정되지 않는 덕분에 우리는 어제를 지나 오늘로, 오늘을 지나 내일로 나아갈 수 있다.

편안함을 위한 작은 장치

거실에 함께 앉으면 자연스럽게 어깨가 닿고 손끝이 스친다. 억눌렸던 감정이 조금씩 풀리고 웃음이 공기처럼 흘러간다. 거실은 침묵을 오래 허락하지 않는다. 다툼 이후에 가족을 모아 다시 이어 주는 공간이다. 침묵과 긴장 속에서도 같은 자리에 앉아 있다는 사실이 화해의 실마리가 된다. 친구들과 다투고 모임에 나가기 싫다가도 막상 나가 부딪히면 웃으며 돌아오게 되듯 거실은 가족에게 그런 역할을 한다. 이 감정의 극장에서 우리는 모두 배우이자 관객이다. 서로의 표정을 읽고 먼저 대사를 건네며 장면을 바꾸기도 한다. 어색한 공기를 버티게 한다. 그래서 거실이 필요하다. 지나치게 사적인 침실과 현관의 낯선 분위기 사이에서 거실은 중간을 지킨다.

인테리어 상담에서 만난 한 가족도 그랬다. 아내와 아이는 소파에 앉아 넷플릭스를 보며 웃고 있었다. 그런데 남편은 태블릿을 펼쳐 회사 메일에 답장을 쓰느라 화면 속 장면에 눈길을 주지 못했다. 같은 공간에 있으면서도 각자 다른 세계에 있는 듯했다. 그러다 아이가 화면을 멈추더니 "아빠, 나랑 같이 보자" 하며 태블릿을 내려놓으라고 조르듯 화면을 들이밀었다. 결국 남편도 웃음을 터뜨렸고 세 사람은 같은 장면을 함께 보며 한 공간에 다시 모였다.

또 다른 집은 거실에 프로젝터를 두었다. 주말이면 불을 다 끄고 영화를 틀어 작은 극장처럼 꾸몄다. 아이는 수업에서 만든 그림일기를 영상으로 바꾸어 스크린에 띄웠고 부모는 그 영상을 함께 보며 이야기를 이어갔다. 거실이 작은 극장이 된 덕분에 대화가 많아졌다는 그들의 말은 공간의 디자인이 관계의 방식을 새롭게 만든다는 사실을 보여주었다. 요즘 사람들은 거실의 쓰임을 다양하게 상상한다. 티브이 없는 거실을 꿈꾸기도 하고 소파 대신 큰 식탁을 두어 책을 읽고 보드게임을 하거나 손님과 식사를 나누기도 한다.

하지만 함께 사는 사람들끼리도 생각이 다를 수 있다. 한 사람은 라운지체어에 봄을 맡기며 여유를 즐기고 싶어 하고 다른 사람은 대화와 식사를 중심에 두고 싶어 한다. 이럴 때 중요한 건 옳고 그름이 아니라 서로 다른 방식을 인정하는 일이다. 정답은 없다. 누군가는 다투고도 꼭 붙어 있어야 하고 또 다른 누군가는 혼자 시간을 가져야 화가 풀린다. 다만 거실은 한 사람만의 공간이 될 수 없다. 여럿을 위한 자리라면 결국 모두가 편안해야 한다. 함께해야 더 따뜻해지는 일들은 거실에 남겨두는 것이 좋다.

무리하게 함께 있는 게 불행으로 이어지는 때도 있다. 그럴 때는 별도의 공간을 내어주는 편이 더 현명하다. 거실은 남의 풍경을 흉내 내는 무대가 아니다. 남들도 다 그렇게 하니까 우리도 그래야 한다는 생각은 비교하는 말이 되어 마음에 상처를 남긴다. 거실은 우리 가족만의 이야기를 펼치는 장이 되어야 한다. 거실은 작은 장치들을 품어야 한다. 사소한 장치들이 모여 긴장을 풀고, 대화를 끌어내며, 결국 웃음을 회복하게 한다.

편안함은 어디에서 시작될까? 아주 사소한 것들이 영향을 준다. 스마트 조명은 가족의 하루를 따라 표정을 바꾼다. 아이의 숙제 시간에는 밝고 차가운 빛이 집중을 돕고 저녁이 되면 따뜻한 주황빛이 대화의 분위기를 만든다. 같은 공간이라도 빛 하나로 리듬이 달라진다. 모듈형 가구는 순간을 연출한다. 평소엔 일렬로 두어 각자 시간을 보내지만 주말 영화 시간에는 ㄱ자로 돌려 작은 극장처럼 만든다. 손님이 오면 테이블을 당겨 광장을 만들고 혼자 있을 때는 소파 한쪽에 기대어 책을 읽는 작은 아지트를 완성한다. 배치를

어떻게 하는지에 따라 분위기가 달라진다.

　　사운드 시스템은 보이지 않는 인테리어다. 잔잔한 재즈가 흐르면 거실은 카페가 되고 빗소리를 틀면 여름밤의 운치가 살아난다. 아이가 좋아하는 동요가 나오면 소파는 무대가 되고 가족의 몸짓도 리듬에 맞춰 가벼워진다. 집 안의 공기를 바꾸는 가장 간단한 방법이다. 작은 습관은 일상의 의식을 만든다. 아침이면 커피머신에서 나는 소리가 하루를 열고 저녁에는 미니 바 테이블에 와인잔이 놓이며 대화가 시작된다. 한쪽에는 요가 매트를 펼쳐놓을 수도 있다. 아이는 따라 하듯 스트레칭을 하고 엄마는 웃으며 동작을 맞춘다. 작은 코너 하나가 가족의 생활을 묶는다.

　　편안함은 결국 거실이라는 공간이 우리에게 건네는 가장 인간적인 질문이다. 지금 이 자리에서 너는 어떤 모습이어도 괜찮다고 말해 주는 공간, 그 넉넉한 허용이 편안함의 본질이다. 누군가는 말 없이 소파에 몸을 눕히고 누군가는 식탁에 앉아 천천히 책장을 넘긴다. 또 다른 이는 바닥에 앉아 음악을 듣는다. 각기 다른 방식이지만 모두가 자기만의 속도로 숨을 고를 수 있다는 점이 거실의 힘이다. 편안함은 큰 변화나 거창한 인테리어에서 오지 않는다. 그저 가장 자연스러운 동작을 받아들인다. 가족이 침묵 속에서도 서로의 존재를 느낄 수 있는 공간이 바로 거실이다.

　　결국 편안함은 '좋은 집'을 만드는 요소가 아니라 '좋은 삶'을 다시 배우게 하는 작은 스승 같은 존재다. 그 안에서 우리는 긴장을 내려놓고 서로의 다름을 인정하며 오늘의 나를 있는 그대로 받아들이는 법을 배운다. 거실은 그렇게 가족을 지키는 가장 넓은 품이 된다.

주방

서로를

채우는
곳

성숙한 사랑의 풍경

아침의 첫 불빛은 주방에서 켜진다. 집 안에 고요한 적막이 맴돌 때 커피머신은 낮게 숨을 토하고 토스터에서는 빵이 튀어 오른다. 컵에 따르는 물소리와 전자레인지의 짧은 알람음이 하루의 시작을 알린다. 아침 주방의 작은 소음은 집이 살아 있다는 증거다. 아이가 있는 집은 눈을 뜨자마자 분주함이 시작된다. 어떤 집은 아침보다 밤에 주방이 더 바쁘다. 퇴근 후 가족이 모이고 함께 식사하는 순간이면 공간이 온기로 가득 찬다. 주말에는 멋진 요리로 신치를 벌일 수도 있다.

주방의 의미는 집의 풍경에 따라 크게 달라진다. 아이에게 주방은 처음엔 그저 배고픔을 채워주는 곳일 뿐이다. 그러나 학생이 되고, 사회인이 되고, 결혼하고, 아이를 낳게 되면 그제야 주방의 의미가 달라진다. 나와는 관계가 없어 보이는 주방이라는 공간이 어느 순간 삶의 중심이 되는 순간에는 반드시 사랑이 있다.

사랑에는 여러 모습이 있다. 연인 사이에 열정적인 사랑이 있다면 부모와 자녀 사이에는 끊을 수 없을 정도로 애절한 사랑이 있다. 아이를 품고 맞이한 첫 해, 낯선 주방은 새내기 부모에게 가장 어려운 시험장이 된다. 음식을 어떻게 해야 더 건강할지 어떤 환경이 깨끗할지 고민한다. 아이에게 좋은 것을 물려주기 위해 시행착오를 겪는다. 단순히 요리를 배우는 게 아니라 돌봄의 무게를 견디는 일이다. 주방은 책임과 사랑을 동시에 깨닫게 하는 통과의례의 장소다.

어떤 이는 주방을 놀이와 실험의 공간으로 활용하기도 한다. 레시피를 따라 하다 실패해도 괜찮은 곳, 새로운 도전을 하면서 웃음이 터져 나오는 곳, 친구들과 잔을 기울이며 작은 축제를 여는 곳으로 만끽한다. 이때 주방은 꿈을 지켜주는 장소다. 어떤 가족은 주말마다 아이와 함께 빵을 굽는다. 밀가루가 바닥에 흩어져도, 실패한 반죽이 생겨도 괜찮다. 오븐에서 퍼지는 버터 향은 "우리 집은 빵집이야!"라는 외침으로 변하고 그 순간 주방은 사랑을 가르치는 놀이터가 된다.

주방은 책임과 놀이, 성숙과 꿈 사이를 오가며 우리 삶을 지탱한다. 주방을 설계할 때 내가 가장 많이 전하고자 하는 메시지는 '함께함'이다. 많은 다툼이 사소한 짜증에서 시작된다. 종일 회사에서 지쳐 돌아온 마음, 서로에 대한 마음을 잊고 잠시 배려가 사라진 순간 작은 균열이 주방에서 더 크게 드러난다. 좁아서 문제가 되는 게 아니다. 같이 하고 싶어도 함께 머물 수 없도록 동선이 배치되어 있기 때문이다.

함께한다는 것은 같은 지점에 서서 같은 일을 하는 게 아니다. 마음이 같이 흐를 수 있는 구조를 갖추는 것이다. 서로를 배려하는 상태로 마주하게 공간이 조용히 돕는 것이다. 배려는 서로의 특장점을 이해하는 데서 시작된다. 쿡탑과 싱크대가 반드시 일직선으로 맞붙어 있어야 한다는 등의 정답을 강요하지 않는 것이다. 오직 우리 가족이 어떤 방식으로 함께 시간을 보내고 싶은지에 대한 계획의 일부여야 한다.

예를 들어, 요리를 좋아하는 사람과 그 과정을 바라보며 대화를 즐기는 사람의 함께는 전혀 다른 방식으로 설계된다. 요리를 담당하는 이의 체형에 맞춰 아일랜드의 높이를 조금 높여주면 허리를 굽히지 않고 요리에 집중할 수 있고 맞은편 식탁이나 바 좌석에 앉아 있는 가족의 얼굴을 자연스럽게 바라볼 수 있다. 그 시선 위로 부드럽게 떨어지는 조명은 그 장면을 응원한다. 이런 순간들이 쌓이면 누군가는 요리하고 누군가는 이야기를 건네면서도 우리는 함께한다는 감각이 주방 곳곳에 흘러들게 된다.

결국 좋은 주방이란 어떻게 하면 모두가 자연스럽게 머물고 싶은지 함께 고민한 흔적이 남는 곳이다. 주방의 배치는 가족의 관계를 설명하는 또 하나의 언어이자 서로를 향한 마음의 형태이다. 식탁 또한 마찬가지다. 대화를 잇는 자리가 될 수도 있지만 눈길이 닿지 않는 배치는 오히려 단절을 만든다. 집은 위로의 장소여야 하는데 구조가 배려를 잃는 순간 말보다 먼저 불편이 찾아온다.

조리대와 식탁의 거리를 적절히 두고 거실과 맞닿은 자리에 아일랜드를 두면 부모는 자연스럽게 아이를 바라보며 대화할 수 있다. 아일랜드에 앉아 있는 모습만으로도 이미 참여가 이루어지고, 그 사이사이 웃음과 이야기가 흘러든다. 넓은 아일랜드가 주부들의 희망이 된 것도 어쩌면 같은 이유일 것이다. 부딪힘 없이 함께 서 있을 수 있다는 안도감, 시선을 나눌 수 있다는 여유가 그 공간을 특별하게 만든다. 넓은 조리대는 결국 넓은 마음을 닮아가고 싶은 바람일지 모른다.

저녁식사를 끝내고 밤이 깊으면 마지막 접시를 물기 없이 닦

아 제자리에 꽂는다. 주방의 조명을 낮추고 투명한 유리컵에 허브티 티백을 하나씩 담는다. 정수기 버튼을 누르자 따뜻한 물줄기가 부드럽게 흘러내리고 은은한 향이 김처럼 퍼져 나온다. 그 순간 주방은 하루의 긴장을 풀어내는 작은 카페가 된다. 한 고객은 퇴근 후의 주방을 이렇게 묘사했다. "설거지를 시작하면 싱크대에 떨어지는 물소리가 먼저 저를 다독여요. 그릇을 하나씩 정리하다 보면 복잡했던 생각이 조금씩 자리를 찾고요. 컵에 차를 우릴 때 퍼지는 김을 바라보고 있으면 누가 말을 걸지 않아도 제 마음이 진정되는 느낌이 들어요." 그의 말은 주방이 단순한 노동의 공간이 아니라 마음이 잠시 쉬어가는 곳이 될 수도 있다는 사실을 알려준다.

누군가는 혼자 요리하는 시간이 오히려 휴식이 될 수도 있다. 냉장고 문을 여는 소리와 도마 위에서 칼이 닿는 둔탁한 리듬, 팬에서 기름이 튀며 만드는 작은 소란. 혼자 사는 이들에게는 모든 과정이 그날의 스트레스를 털어내고 자신에게 집중하는 의식이 된다. 혼자 먹더라도 좋아하는 재료를 천천히 손질할 수 있다. 설거지를 미루지 않고 바로 정리하는 습관은 하루를 단단하게 한다. 누군가와 나누는 식사가 주방의 기쁨이라면 혼자만의 조용한 저녁 또한 주방이 주는 또 다른 안온함이다.

주방에서 어떤 선택을 하든 중요한 것은 그 선택이 서로를 배려한 결과여야 한다는 것이다. 심장이 뛰어야 몸이 살아 있듯 주방이 켜져야 집이 살아난다. 주방은 책임과 자유, 혼자와 함께 사이에서 우리를 단련시킨다.

주방은 흔적이 가장 많이 남지만 가장 빠르게 지워지는 곳이다. 바닥에 흩어진 빵가루, 도마 위의 채소 자국, 그릇 위의 기름기는 누군가의 손길로 사라진다. 이 지워진 흔적이야말로 보이지 않는 헌신의 기록이다. 주방은 집 안의 도구가 가장 많이 모여있는 공간이다. 이 물건들이 드러내는 것은 단순한 기능이 아니라 집의 태도다. 칼이 잘 갈린 모습은 평소 습관을, 오래된 머그 컵을 간직한 찬장은 기억을 붙잡는 방식을 보여준다.

한 부부는 리모델링 상담에서 가장 먼저 수납과 효율을 원한다고 했다. 벽면 가득 짜 넣은 효율적 수납 시스템과 주방 가전이 마치 원래 그 자리에 있었던 것처럼 딱 맞게 들어맞는 빌트인 디자인을 요청했다. 식기세척기, 정수기, 오븐, 커피머신이 하나의 벽면에 매끄럽게 정렬된 모습을 원한다는 것이다. 그들에게 효율은 단순한 동선 최적화가 아니었다. 서로의 시간을 아껴주고 싶다는 것이 그들의 진심이었다. 많은 사람이 이런 효율적인 동선을 추구한다. 아마 진짜 욕망은 노동하지 않음에 있을 것이다. 단정히 정리된 주방이 아름답게 보이는 이유는 시행착오의 흔적이 지워졌기 때문이다. 정돈된 공간 안에서 우리는 편안함과 안정을 느낄 수 있다.

냉장고 문을 열어보면 더 솔직한 삶의 방식을 알 수 있다. 밀키트와 반조리식품이 많으면 빠르고 효율적인 삶을, 직접 만든 소스로 채워져 있다면 정성스러운 삶을 추구하는 것임을 추측하게 된다. 어떤 냉장고는 마트에서 산 음료와 간단한 음식을 중심으로 빠르게 채워지고 또 어떤 냉장고는 천천히 숙성되는 발효 장류나 유리병에 담긴 피클, 식탁을 풍요롭게 하는 각종 식재료가 차곡차곡 쌓여 있다. 가족이 많은 집이라면 한 칸을 가득 채운 요구르트 팩과 과일 한 상자가 먼저 눈에 띄고 혼자 사는 사람의 냉장고에는 페트병에 든 생수와 잼 한 병, 반쯤 남은 비다가 자리한다.

소형가전은 생활의 또 다른 거울이다. 커피머신은 바쁜 아침에도 여유를 준다. 버튼 하나로 내리는 커피는 하루를 시작하기 전

잠시 숨을 고르게 해주며 삶에 작은 사치를 허락한다. 토스터는 간편한 아침을 책임진다. 식탁을 건너뛰려던 발걸음을 빵 굽는 냄새로 불러 세우고 따뜻한 한 조각을 집으면 아침을 챙겼다는 안도감이 찾아온다. 오븐과 에어프라이어는 요리를 실험으로 바꾼다. 재료를 넣고 기다리면 겉은 바삭하고 속은 촉촉한 요리가 완성된다.

믹서기는 건강을 지키는 작은 조력자다. 과일과 채소를 넣는 순간 번거로운 손질은 부드러운 주스로 바뀐다. "내일은 꼭 챙겨 마셔야지"라는 다짐이 습관으로 이어지는 것은 노동의 장벽을 낮추는 도구가 있기 때문이다. 정수기는 즉각적인 편리함을 준다. 물을 끓이고 식히는 긴 과정이 사라지고 아이의 분유부터 어른의 차까지 원하는 온도의 물을 바로 꺼낼 수 있다. 정수기는 편의를 넘어 가족 모두에게 안전과 안도를 선물하는 장치다.

몇 년 전 등장한 급·배수 로봇청소기는 이제 단순한 흡입 청소뿐만 아니라 물걸레질까지 스스로 해낸다. 예전에는 직접 걸레를 적셔 닦고 다시 빨아 말려야 했는데 이제는 물을 공급받고 더러워진 걸레를 스스로 씻어낸다. 청소라는 가장 고단한 반복이 사라진 자리에는 늘 깨끗하게 유지되는 바닥과 그 위에서 나누는 대화가 남는다. 싱크대 위의 수전도 달라졌다. 폭포처럼 쏟아지는 물줄기는 빠르고 시원하게 설거지를 돕고 그 과정조차 하나의 풍경처럼 바꿔

놓는다. 손끝에 닿는 물의 감각은 고단한 노동을 잠시 잊게 하는 작은 위로가 된다.

그러나 노동이 완전히 사라질 수 있을까? 아무리 기계가 우리의 노동을 대신한다 해도 집안일이 완전히 끝나는 날은 아마 오지 않을 것이다. 밀키트가 아무리 정교해져도 처음부터 채소를 손질하며 정성껏 요리하는 충만한 기분은 느낄 수 없을 것이다. 청소기가 아무리 꼼꼼해져도 모서리에 남은 작은 먼지까지는 결국 사람이 닦아야 한다. 집안일을 도와주는 기술이 지금보다 훨씬 정교해진다고 해도 내 마음 한편의 불편함과 나만의 습관까지 다 헤아리지는 못할 것이다.

기술은 관계 속에서 생겨나는 작은 불편과 오해도 해결하지 못한다. 기술의 발전이 우리에게 시간을 돌려주어도 서로를 이해하려는 노력이 없다면 어려움이 생길 것이다. 특히 공간을 공유하는 가족은 아주 밀접한 관계이므로 서로에게 상처를 줄 수도 있다. 그러나 아이러니하게도 상처보다 오래 남는 것은 집 안에서 사랑을 주고받으며 즐거웠던 시간이다. 그래서 우리는 여전히 가족을 선택한다. 불편함을 견뎌내고 서로를 배려하는 과정에서 비로소 행복을 느낀다.

기억에 오래 남는 것

눈에 보이는 풍경보다 오래 남는 것은 냄새다. 된장찌개의 구수함, 막 구운 빵의 풍미, 그리고 신선한 원두 향은 곧 그 집의 정체성을 보여준다. 심리학에서도 후각은 기억을 가장 강력하게 자극한다고 말한다. 한 고객은 익숙한 음식 냄새가 나서 이 집을 선택했다고 고백했다. 리모델링 과정에서도 환기창 구조만큼은 바꾸지 말아달라고 부탁했다. 그 향은 어린 시절의 추억이자 집을 선택하게 만든 정체성이었다.

주방에서 나는 냄새는 시간을 구분하는 표지판이다. 아침의 커피 향은 하루를 깨우고 저녁의 찌개 냄새는 가족을 식탁으로 불러들인다. 퇴근 후 현관문을 열자마자 풍겨오는 향은 누군가가 나를 기다린다는 가장 따뜻한 신호가 된다. 스마트 오븐에서 구워지는 빵 냄새가 먼저 인사하고 칼과 도마가 리듬을 만들며 인덕션 위의 냄비에서는 불꽃 대신 증기가 공연처럼 타오른다. 빛과 향, 손끝의 감촉과 표정이 자연스럽게 이어지며 집은 하나의 호흡으로 묶인다. 주방의 식탁은 기다림과 향으로 대화를 대신한다.

냄새는 우리 삶의 주기에 따라 각자 다른 기억으로 남는다. 나는 어린 시절 학교 가방을 메고 현관문을 나설 때마다 코끝에 맴도는 엄마의 국 냄새를 맡았다. 아침 식탁에 남아 있던 따뜻한 향이 현관까지 번져 나와 학교에 잘 다녀오라는 엄마의 말과 함께 큰 안정을 주었다. 집의 냄새는 보이지 않는 배웅이었다. 이십 대의 모습은 조금 달랐다. 그때 살던 원룸을 생각하면 작은 싱크대와 전자레인지에서 나는 '띵' 소리와 함께 퍼지는 즉석밥 냄새가 가장 먼저 떠오른다. 라면스프를 뜯는 순간 방 안에 번지는 익숙한 냄새를 맡으면 지금도 그 시절이 금세 소환된다. 스스로 끼니를 챙기는 것은 곧 자립의 증거였다. 허전함과 외로움이 뒤섞였지만 그럼에도 살아가고 있다는 신호였다.

집에서 나는 모든 냄새가 어우러져 우리가 살아온 시간을 조용히 증명한다. 문을 열어 들어가는 순간 스치는 공기 속에는 늘

Quash
TEKLA
SAMSUNG

그 집만의 온도가 있고 그곳을 살아가는 사람들의 마음과 닮았다. 누군가의 삶은 매일 끓어오르는 찌개의 구수함으로 남고 또 누군가의 삶은 커피 향과 빵 굽는 냄새처럼 포근한 설렘으로 새겨진다. 바쁜 하루를 버티고 돌아온 사람의 저녁은 전자레인지에서 퍼지는 단출한 향으로 기록된다. 큰 사건이나 특별한 일보다 이렇게 사소하고 일상적인 장면이 기억에 오래 남는다. 냄새에는 시간을 잡아두는 힘이 있기 때문이다.

집에서 먹는 찌개 냄새는 신혼의 기억을 불러온다. 신혼 초 퇴근길에 아내가 자주 하던 말이 있었다. "여보, 오늘 집에 가면 짠하고 보글보글 준비되어 있을까요?" 그 '보글보글'이라는 표현 속에는 단순히 끓는 소리가 아니라, 맛있는 냄새로 가득 찬 포근한 집을 기대하는 마음이 담겨 있었다. 요즘은 예전과 같이 실수투성이처럼 주방을 쓰지는 않는다. 유튜브 요리 방송을 켜두고 레시피를 따라 하다 보면 어디선가 맛본 듯한 메뉴가 집에서도 완성된다. 낯선 요리를 흉내 내는 과정은 서툴러도 그 냄새가 주방에 번지는 순간만큼은 기분이 좋아진다. 화면 속 손길을 흉내 내며 파스타를 함께 먹는 순간에는 어김없이 행복이 쌓였다.

지금도 본가에 가면 주방 한쪽에서는 갈비찜이 큼직한 냄비에서 보글보글 끓고 있다. 손주가 찾아오는 날에 맞추어 부모님이

해주시는 음식이다. 달콤한 간장 양념이 자작하게 졸아들며 집 안 구석구석을 감싼다. 기다림의 시간이 깊어질수록 양념 냄새는 더 짙어진다. 그것은 환영의 초대장이 된다. 문이 열리고 가족들의 발소리가 들려오면 짭조름한 갈비찜이 곧장 식탁으로 향한다. 노년의 주방에서 풍기는 이 냄새는 다음 세대를 맞이하는 환대다.

돌이켜보면 주방은 완벽한 음식을 내는 곳이 아니라 함께 어른이 되어가는 과정을 연습하는 공간이었다. 보글보글 끓어오르는 냄새는 그저 배를 채우는 향이 아니라 집에 왔다는 안도와 서로를 맞이하는 환영을 느낄 수 있는 신호였다. 식탁 위의 온기, 국물이 끓는 보글거림, 나무 식탁의 질감까지 모든 것이 어우러져 기억에 남는다. 때로는 서툰 칼질을 놀리며 주고받던 농담이 떠오르고 함께하지 못한 날의 미안함이 남은 음식 냄새 속에 머물기도 한다. 그러나 그 모든 순간이 결국 추억이 되고 우리를 하나로 묶는 끈이 된다.

요즘 젊은 부부들은 주방을 호텔이자 카페, 분위기 좋은 바로 꾸미며 파티 라이프를 즐기기도 한다. 따뜻한 조명과 와인잔, 음악과 요리가 어우러진 냄새가 곧 집의 이벤트가 된다. 누군가에게는 주방이 노동의 공간일 때도 있다. 인테리어 상담을 하다 보면 주방 이야기만 하다 한 시간이 훌쩍 지나가기도 하는데 많은 고객이 "아이들이 돌아왔을 때 따뜻한 음식 냄새가 나야 마음이 놓인다"라고 말한다. 그만큼 주방은 가족의 삶을 가장 진하게 기록하는 공간이다.

우리가 집에 돌아왔다고 느끼는 순간도 냄새를 맡을 때다. 향은 말보다 빠르고 정확하게 마음을 흔든다. 가족이 함께한 주방의 냄새는 우리가 누구였는지를 기억하게 하고 지금 어떤 삶을 살고 있는지를 깨닫게 하며 앞으로 어떤 순간을 바라보고 싶은지까지 생각하게 한다. 하루의 긴장을 푸는 위로가 되기도 하고 고단한 삶에 다시 온기를 불어넣는 응원이 되기도 한다. 그래서 주방은 가족의 서사를 완성하는 무대이고 그 무대 위에 남는 냄새는 삶의 문장 하나하나를 이어 붙이는 접착제와 같다.

결국 집은 그곳에 사는 이들의 냄새가 중첩되는 곳이다. 우리가 살아온 시간을 입체적으로 기록한 지도와도 같다. 그 기록은 우리가 떠나도 오래 남아 다음 사람에게까지 이어진다. 삶의 향기는 공간 속에서 숙성되고 세월과 함께 깊어진다. 우리가 왜 집을 그리워하는지 조용히 설명한다.

식탁의 자리는 곧 그 집의 대화 방식이자 가족의 민주주의가 시작되는 자리다. 우리 집의 식탁이 어디에 놓여 있는지 생각해 보자. 거실 한쪽에 자리해 소파와 티브이를 마주하고 있을 수도 있고 주방 속에서 요리 냄새와 과정을 함께할 수도 있다. 아니면 독립된 방처럼 따로 존재할 수도 있다.

과거 한국의 식탁은 낮은 상이었다. 부엌에서 음식을 날라 거실 바닥에 펼쳐놓고 가족이 둥글게 앉아 함께 밥을 먹었다. 좌식에서 입식으로 문화가 바뀌면서 상은 점점 커지고 무게를 가지게 되었다. 식탁은 단순한 조리의 끝자리가 아니라 집의 중심이 되었다.

일본식 아파트 구조가 한국에 들어오며 LDK Living·Dining·Kitchen 개념이 자리 잡았다. 거실, 주방, 다이닝이 하나로 이어진 공용부에 식탁을 위한 공간이 자연스럽게 생겨났다. 식탁은 거실과 주방을 잇는 관계의 다리이자 가족이 모이는 중앙광장이 되었다.

맞벌이 부부에게 식탁은 하루 중 가장 늦은 시간에 만나는 공간이다. 밤 열시, 겨우 모여 앉아서 라면 하나를 나누며 하루를 정리한다. 그 순간에는 아주 진실한 대화가 오간다. 아이가 있는 집이라면 식탁이 곧 놀이방이다. 아이들은 식탁 위에 숙제를 펼치고 부모는 주방에서 저녁을 준비한다. 책과 과일과 장난감이 뒤엉킨 풍경은 혼란스러워 보이지만 그것은 모두 '함께 있음'의 증거다. 노부모와 함께 사는 집에서는 조부모와 손주가 같은 테이블에 앉아 음식을 나눌 때 식탁이 세대를 잇는 무대로 변한다.

식탁은 집 안의 구조를 가장 잘 보여준다. 앉은 위치에 따라 대화의 중심이 달라진다. 누군가는 자연스럽게 이야기를 더 많이 하게 되고 다른 이는 조용히 숟가락만 움직인다. 원형 식탁은 모두의 눈길을 이어주어 평등을 연습하게 하고 긴 사각형 식탁은 중심과 주변을 나누어 균형을 시험한다. 아이의 발언이 존중받는 집에서는 식탁이 민주주의의 훈련장이 되기도 한다. 한편 매일 찾아오는 식사 시간은 가족의 목소리가 오가는 작은 의회가 된다. 어떤 집은 스마트폰이 대화를 삼켜버린다. 식탁 위에서 가장 큰 발언권을 가진 존재가 사람이 아니라 전자기기일 때 그 집의 민주주의는 쉽게 흔들린다.

식탁의 민주주의는 감각에서 완성된다. 나라의 민주주의가 투표와 제도만이 아니라 사람들이 어떻게 모이고 어떤 분위기에서 대화를 나누는지에 달려 있듯이 식탁도 마찬가지다. 포크가 부딪치는 소리, 국그릇에 숟가락이 닿는 소리, 갑자기 터져 나오는 웃음과 한숨까지 모든 것이 식탁의 배경음이 된다. 낮에는 창가로 들어오는 자연광이, 밤에는 따뜻한 펜던트 조명이 서로 다른 표정을 만들어 낸다. 나무 식탁의 따뜻한 결, 세라믹 상판의 차가움과 천 식탁보의 포근함이 모두 우리의 촉감으로 느껴진다. 서로의 목소리와 필요를 존중할 때 집 안에도 민주적인 분위기가 만들어진다.

식탁은 한때 위기를 맞았다. 티브이 앞에서 각자 밥을 먹거나 배달 음식을 방 안에서 해결하면서 함께 앉는 시간이 점점 줄어들었다. 그런데 코로나19 바이러스가 유행하면서 다시 식탁이 살아나기 시작했다. 바깥 활동이 줄어들면서 집 안의 만남이 중요해졌다. 그러면서 음식을 식탁 위에 올려놓고 나누는 순간을 되찾게 되었다. 인테리어 시장에도 밖에서 즐기던 모든 기능을 식탁으로 끌어들이는 시도가 이어지고 있다. 주말에 즐기던 브런치는 주방의 아일랜드에서 이루어지고 친구들과 나누던 술자리는 거실과 식탁을 연결한 홈바로 이동했다. 식탁 위에 차려진 음식은 더 이상 끼니를 해결하는 수단이 아니라 함께 웃고, 대화하는 하우스 파티의 중심 장치가 되었다.

집 안의 공용부는 이제 생활 동선이라기 보다는 삶을 즐기는 무대다. 식탁은 그 집이 어떤 방식으로 대화를 나누고 선택을 존중할지를 결정한다. 한 맞벌이 부부는 "주방에서만큼은 혼자가 되고 싶지 않다"라고 말했다. 한 사람이 저녁을 준비할 때 다른 한 사람은 식탁에 앉아 노트북으로 메일을 쓴다. 아이도 옆자리에 앉아 태블릿으로 숙제하거나 간단한 간식을 꺼내 먹는다. 음식을 굽는 팬에서 나는 연기와 키보드 소리, 아이의 웃는 표정이 한 공간에 겹친다. 그들에게 작은 아일랜드는 조리대이자 공부방, 그리고 사무실이 된다. 누구도 고립되지 않고 각자의 하루가 자연스럽게 이어지는 구조다.

퇴근이 늘 늦어지는 부부는 큰 식탁이 오히려 부담스럽다고 말했다. 밤 열한 시에 들어와 밥상을 다시 차리기보다는 와인 한 잔과 간단한 안주를 먹는 것을 즐겼다. 그래서 주방 한쪽에 바 테이블을 두었다. 나란히 앉아 하루를 풀어놓는 그 시간은 정식 만찬보다 진솔한 대화의 장이 되었다. 그들에게 바 테이블은 작지만 확실한 위로 공간이었다. 어떤 집은 손님이 자주 방문하는 문화가 있었다. 명절뿐만 아니라 평소에도 친구와 친척이 늘 찾아왔다. 그들에게 가장 큰 고민은 식탁의 크기였다. 평소에는 넉넉한데 손님이 오면 늘 부족한 것이다. 그들은 확장형 테이블을 선택했다. 평소에는 아담한 식탁을 손님이 올 때 넓혀서 모두가 둘러앉을 수 있게 한 것이다. 식탁이 펼쳐지면 대화도 확장되었다.

긴 사각형 테이블을 사용하는 한 가족은 늘 갈등을 겪었다. 아버지는 언제나 중심 자리에 앉았고 아이들은 끝으로 밀려났다. 대화는 한쪽으로 기울었고 아이들의 목소리는 쉽게 묻혔다. 그러다 리모델링하며 원형 식탁을 들인 순간 대화가 달라졌다. 모두가 같은 눈높이에서 마주 앉으면서 발언권이 자연스럽게 돌았다. 그 집에서 원탁은 단순한 가구가 아니라 평등을 연습하는 민주주의의 상징이 되었다. 아일랜드를 둔 집은 함께 요리하고 싶어서, 바 테이블을 둔 집은 늦은 밤의 대화를 위해서, 확장형 테이블을 둔 집은 손님을 맞아 모두가 둘러앉기 위해서, 원형 식탁을 둔 집은 평등한 대화를 원해서 그것을 선택했다. 나는 식탁의 디자인과 배치가 가족의 대화 방식을 바꾼다는 사실을 깨닫게 되었다.

침실

쉼과

회복의

은신처

나를 되찾는 안정의 공간

침실의 중심은 언제나 침대다. 침대의 크기와 높이, 방향과 배치가 달라지면 수면의 질뿐 아니라 마음의 안정감에까지 영향을 준다. 머리를 벽에 두었을 때의 안도감, 문이 시야에 들어올 때 생기는 은근한 경계심, 아침 햇살이 들어오는 각도에 따라 하루 동안의 표정이 변한다. 높은 침대는 바닥과 거리를 두어 쾌적함을 주고 낮은 침대는 땅에 닿는 듯한 친밀감을 준다. 사람마다 취향은 달라도 본질은 같다. 몸이 쉽게 맡길 수 있는 구조와 그 자리에 놓인 침대만이 진짜 회복을 가능하게 한다.

조명은 단순히 방을 밝히는 장치가 아니다. 하루의 리듬을 쓰는 대본이자 마음을 설득하는 은밀한 언어다. 아래에서 몸은 지금이 여전히 낮이라고 착각한다. 수면 호르몬은 억제되고 잠은 얕아진다. 반대로 은은한 간접조명은 마음을 부드럽게 낮추며 어둠을 받아들이게 한다. 빛은 눈만 비추는 것이 아니다. 마음을 다독이고 감정을 정리하며 생각을 가라앉힌다. 천장에서 쏟아지는 직광은 활동을 요구한다. 벽을 타고 퍼지는 빛은 마음을 풀어낸다. 좁은 독서등의 빛은 작은 섬처럼 몰입과 사색의 세계를 만든다. 이상적인 침실 조명은 단계적이다. 밝음에서 어둠으로, 활동에서 휴식으로 빛의 농도가 천천히 바뀔 때 하루는 우아하게 닫힌다.

많은 이가 침실의 공기를 에어컨과 난방으로만 조절한다. 하지만 천장에 설치된 선풍기 형태의 장치인 '실링팬'을 고려해 보는 것도 좋다. 실링팬은 위에서 아래로, 또는 아래에서 위로 공기를 천천히 순환시키는 장치다. 단순히 바람을 세게 내뿜는 기계가 아니라, 공간 전체의 공기 흐름을 부드럽게 다듬어주는 역할을 한다. 수면의 질은 온도보다 흐름에 더 영향을 많이 받는다. 실링팬의 느린 날개는 공기를 억지로 흔들지 않고 방 안의 결을 고르게 빗질한다. 균일한 바람이 흐르면 체온은 안정되고 심박과 호흡은 자장가의 박자처럼 고요해진다. 바람은 단순한 공기의 움직임이 아니다. 그것은 공간의 호흡이다. 침실이 고이면 마음도 고인다. 실링팬은 그 고임을 풀어내는 가장 단순하면서도 효과적인 장치다.

닫힌 커튼은 외부의 시선을 막아 심리적 은신처가 된다. 아침에 커튼을 여는 행위는 세상을 다시 받아들이는 의식이다. 편안한 침실을 원한다면 커튼은 두 겹이 좋다. 한 겹은 밤의 고요를 지켜주는 역할을 하고 다른 한 겹은 아침을 부드럽게 데려오는 역할을 한다. 즉, 빛을 갑작스럽게 들이지 않는 것이다. 강한 햇살이 한 번에 들이치면 잠들어 있던 감각이 순간적으로 흔들린다. 하지만 얇은 커튼을 통과한 빛은 마치 물을 거른 듯 결이 부드러워지고 모서리가 둥글어진다. 눈부심이 사라지고 빛이 천 위에서 한 번 머물렀다가 방 안으로 스며든다. 그 빛은 온기로 다가온다. 눈을 자극하는 빛이 아니라 마음을 천천히 깨우는 빛이다. 두 겹의 커튼을 걷어내는 건 결국 하루의 시작을 준비하는 일이다.

커튼은 외부와 내부, 고립과 연결, 밤과 낮의 경계를 가장 세심하게 다루는 장치다. 은신과 개방을 모두 품은 이중성은 침실이라는 공간의 본질을 가장 잘 보여준다. 따뜻한 조명은 침대에 누워 있는 사람의 감정을 조율하고 창으로 들어오는 바람은 호흡을 정돈한다. 작은 장치들은 매일 나만의 의식을 돕는다. 완만한 변화 속에서 사람은 조금 더 천천히 일어나고 조금 더 자연스럽게 세상에 스며늘 수 있다. 그 가치는 크기에 있지 않다. 온전함에 있다.

침실은 집 안에서 가장 깊은 사적 영역이다. 거실이 환대의 공간이라면 침실은 휴식의 공간이다. 식탁에서 나눈 대화가 침대 옆 협탁 허브티의 따뜻한 수증기로 옮겨가고 주방에서 마무리한 하루가 침실의 포근한 이불 속으로 이어진다. 그 리듬 속에서 가족은 내일을 준비한다. 거실이 여전히 대화와 관계를 요구하고 주방이 부지런한 손길을 기대하는 동안 침실만큼은 단 한 가지 메시지를 전한다. "여기서는 아무것도 하지 않아도 된다."

문이 닫히고 커튼이 드리워지고 불이 꺼지는 순간 우리는 세상의 시선으로부터 완전히 해방된다. 무방비 상태로 누워 있어도 괜찮다는 이 감각은 단순한 안도를 넘어 다시 내일을 살아갈 힘을 채우는 출발점이 된다. 퇴근 후 외출복을 벗고 화장을 지우며 휴대폰 알림을 꺼두는 순간 사람들은 사회적 역할에서 벗어난다. 사장도 부모도 학생도 모두 침실 안에서는 하나의 개인일 뿐이다. 침대 옆 협탁에 안경과 스마트폰을 내려놓는 작은 행동조차 오늘의 배역을 벗는 상징적 장면이다.

한 부부는 상담 자리에서 이런 말을 했다. "아이 앞에서는 늘 부모로, 직장에서는 직원으로 살다 하루가 끝나요. 그런데 침실에서 불을 끄고 나란히 누우면 그제야 '우리'로 돌아오더라고요." 낮에는 다투어도 같은 침대 위에서 발끝이 닿는 순간 화해가 시작된다. 아이와 함께 잠드는 밤은 또 다른 감정을 불러일으킨다. 책을 읽어주다 아이의 눈이 서서히 감기고 작은 몸이 내 품에 기대어 규칙적인 숨을 내쉴 때 부모는 세상 어떤 성취와도 바꿀 수 없는 평화를 느낀다. 그 순간 침실은 단순한 개인의 방을 넘어 가족 전체가 함께 숨 쉬는 안식처가 된다. 아이에게 안정이 전해지고 부모가 사랑을 나눌 수 있다면 그 침실은 이미 충분히 좋은 공간이다.

혼자 사는 이들에게 침실은 고독의 방이 된다. 그러나 그것은 결핍이 아니라 자신을 만나는 시간에 가깝다. 늦은 밤, 집으로 돌아와 가방을 내려놓고 침대에 몸을 던지면 하루 종일 이어졌던

대화와 소음이 사라지고 낮에 미처 정리하지 못했던 감정들이 차례로 떠오른다. 커튼 틈 사이로 스며드는 도시 불빛과 이불 속에서 들려오는 자신의 숨소리를 느낀다. 그제야 비로소 내 안의 목소리를 들을 수 있다. 물론 밤은 불안을 키우기도 한다. 내일의 과제와 해결되지 않은 고민이 어둠 속에서 더 크게 다가온다. 하지만 애초에 불안은 완전히 지울 수 있는 게 아니다. 누군가의 숨소리, 은은한 조명, 차분한 음악 같은 작은 장치 위에 겹겹이 덮어 두는 것이다. 그 위로가 쌓일 때 비로소 우리는 잠에 빠져든다.

결국 침실은 감정의 전시장이다. 안도의 숨, 해방의 웃음, 화해의 온기, 고독의 사색, 불안과 위로의 교차…. 낮에는 다 표현하지 못했던 감정들이 이 방에서 풀리고 다독여진다. 거실이 관계의 무대라면 침실은 감정의 무대다. 누구와 함께 머무느냐에 따라 감정의 결이 달라진다. 침실은 부부에게 다툼과 화해를 품어내는 관계의 완충지대가 되어 준다. 침대에서 잠든 아이의 규칙적인 숨결은 부모의 마음을 다시 단단하게 묶는다. 노년 부부의 침실에는 지난 세월을 함께 견뎌온 동지애가 깃든다. 다양한 삶의 형태만큼이나 침실의 감정도 가지각색이다. 그곳에서 우리는 오늘을 내려놓고 내일을 살아갈 마음을 다시 길러낸다.

작은 죽음, 작은 탄생

한때 불면의 밤에 갇혀 산 적이 있다. 몸이 지쳐 있는데도 눈을 감으면 불쑥불쑥 떠오르는 얼굴과 말들이 어둠 속에서 나를 괴롭혔다. 잠은 도피처가 아니라 또 다른 고통의 문이었고, 침대는 쉼터가 아니라 생각의 감옥이었다. 사업을 하면서 가장 힘들었던 순간은 돈이 없거나 일이 풀리지 않을 때가 아니었다. 다름 아닌 사람과의 갈등이 있을 때였다. 신뢰했던 동료의 이탈, 뜻하지 않은 배신, 고객과의 오해 같은 것들이 나를 위축되게 했다. 서류 몇 장으로 정리되는 계약 뒤에는 늘 사람이 있었고 사람의 마음은 계산처럼 명확하지 않았다.

그 시절 나는 답을 찾고 싶어 심리학 책을 닥치는 대로 읽었다. 마음의 구조와 감정의 기제, 인간관계의 법칙을 알면 상대의 행동과 나의 분노를 설명할 수 있을 거라고 믿었다. 그러나 이론은 머리만 채울 뿐 밤마다 끓어오르는 화와 상실은 전혀 달래주지 못했다. 그러던 어느 날 심리학 책 대신 시집을 집어 들었다. 철학자의 산문이나 소설 속 주인공의 고백을 읽으며 비로소 마음이 풀리기 시작했다. 누군가는 나보다 더 깊은 상처를 겪었는데도 담담히 살아내고 있었고, 누군가는 세상의 부조리를 웃음으로 끌어안고 있었다. 활자 속 목소리가 나에게 "너만 그런 게 아니다"라고 말하는 것 같았다.

어려운 시간을 거치며 사람을 조금 더 폭넓게 이해할 수 있게 되었다. 그것은 나를 이해하는 일이기도 했다. 타인의 이야기를 읽는 순간 내 안의 고독도 조금은 가벼워진다는 것을 배웠다. 매일 밤 곁에 책을 두었다. 불 꺼진 거실을 지나 침실에 들어와 책을 펼치는 것이 습관이 되었다. 책을 읽고 있으면 어느새 눈꺼풀이 스르르 내려앉았다. 잠들기 전의 그 짧은 시간이 나의 하루를 정리하고 스스로 다독이는 은밀한 의식이 되었다. 나는 점점 고독을 피하지 않고 견디는 법을 배워갔다. 그 힘은 다시 새벽에 눈을 뜨게 해주었고, "오늘 하루는 다시 살아볼 만하다"라는 다짐을 하게 했다.

밤마다 우리는 하루를 내려놓는다. 침실은 매일의 고통과 피로를 묻어두는 제단이다. 이 시간이 쌓여 매일 다시 살아갈 힘을 만든다. 그래서 침실은 집의 가장 깊은 그늘이자 동시에 가장 밝은 빛이 머무는 자리다. 고독한 시간은 모든 인간이 피할 수 없는 숙제다. 어떤 이는 그 시간을 막막한 공허로 보내고 어떤 이는 자신을 깊이 돌아보는 기회로 삼는다. 고독을 피하지 않고 알차게 보내는 법이야말로 침실이 우리에게 던지는 질문이다. 밤의 꿈은 낮의 감정을 다시 배열하고 덕분에 아침의 얼굴은 다시 평온해진다.

많은 이가 운동과 식사를 건강의 기본이라고 말한다. 하지만 그 모든 것을 가능하게 하는 것은 수면이다. 수면이 무너지면 면역과 감정, 집중력도 함께 무너진다. 침실은 단순한 쉼터가 아니라 내일을 준비하는 병동이다. 매트리스의 높이, 이불의 무게, 조명의 밝기 같은 작은 디테일이 사실은 우리의 삶을 지탱하는 장치들이다. 잘 설계된 침실은 단순한 멈춤이 아니라 능동적인 회복을 만들어낸다. 나는 매일 오후 열 시에 잠들고 오전 다섯 시에 일어난다. 지치지 않고 종일 꽉 채워 활동하는 하루를 살기보다는 후회 없이 편안한 하루를 살고 싶었니.

불면증으로 수년간 고생하던 한 고객은 침대의 방향과 커튼의 재질만 바꿨을 뿐인데 10년 만에 처음으로 편안하게 잠에 들었다고 말했다. 사람은 잠을 회복하면 감정이 되돌아오고, 감정이 회복되면 다시 하루를 살아낼 힘이 찾아온다. 고객이 "평생 처음으로 편안했다"라고 말할 때, 나는 침실이야말로 집에서 가장 조용하지만 가장 강력한 치유의 공간이라는 것을 다시 느끼게 되었다. 이런 일은 보이지 않는 배려에서 시작된다. 우리가 눈 감은 사이에 몸이 쉬고 마음이 회복된다.

아이가 있는 집의 침실에는 깊은 잠을 지켜내기 위해 두꺼운 암막 커튼이 드리워져 있다. 어둠 속에서 아이는 고요히 숨 쉬고 부모는 오랜만에 서로의 얼굴을 마주하며 작은 안도를 나눈다. 누군가는 침실 한쪽에 작은 스탠드를 두고 자기 전 5분간 일기를 쓴다. 짧지만 그 시간은 하루의 잡음을 내려놓는 가장 확실한 고독의 훈련장이 된다. 조명이 낮아지면 생각도 낮아지고 커튼이 아침을 부드럽게 불러들이면 하루의 시작도 부드러워진다. 몸이 이완되면 마음도 따라온다.

잠드는 순간은 작은 죽음이고 아침에 눈을 뜨는 순간은 작은 탄생이다. 침실은 누구에게나 각자의 방식으로 죽음을 연습하고 다시 태어나는 공간이 된다. 좋은 침실은 이런 과정의 질을 바꾼다. 그 덕분에 더 잘 일하고 더 잘 사랑하며 더 잘 살아낼 수 있다. 그렇게 우리는 점점 단단해진다.

인테리어 상담을 하면서 종종 심리 상담 같다고 생각할 때가 있다. 표면적으로는 가구의 디자인이나 예산을 고민하는 것처럼 보이지만 그 속에 말하지 못한 갈등과 각자 가진 마음의 무게가 숨어 있다. 그럴 때마다 묻는다. "집에 있을 때 가장 편안한 순간은 언제인가요?" 놀랍게도 많은 고객이 쉽게 대답하지 못한다. 나는 그 이유가 단순하다고 생각한다. 집 안에 나만의 치유 공간이 없기 때문이다.

치유 공간은 마음이 잠시 쉬어갈 수 있는, 내 안에서 '숨'이 회복되는 자리를 말한다. 거창하게 방 하나를 새로 만들거나 특별한 장비를 마련하지 않아도 된다. 치유 공간은 사람마다 다른데 집 안의 밝은 창가일 수 있고 식탁의 모서리 자리일 수도 있다. 중요한 것은 그곳에서 내가 어떤 상태가 되는지 확인하는 일이다. 다시 나로 돌아오는 감각을 느껴야 한다. 바깥의 소음을 잠시 차단하고 속도를 늦출 수 있는 감정의 피난처이자 집 속에서 나만의 회복이 가능한 작은 지점을 만들어야 한다.

특별한 일을 할 필요도 없다. 좋아하는 음악을 한 곡 듣거나 따뜻한 차를 천천히 마시거나 아무 말 없이 창밖 하늘을 바라보는 잠깐의 순간이면 충분하다. 스트레칭을 하며 몸을 풀어주거나 반려 식물의 잎을 닦아도 좋다. 책 읽기, 뜨개질, 그림 그리기, 향초 켜기, 글쓰기…. 이 모든 사소한 동작들이 마음의 주파수를 다시 맞추는 작업이다. 공간은 크기보다 온도가 중요하다. 완벽하게 정리되어 있지 않더라도 그 자리에 앉으면 몸이 먼저 안정되고 마음이 가라앉는 곳이어야 한다. 잠시나마 가족의 시선에서 벗어나 나라는 존재를 회복하는 작은 방파제를 두는 일이라고 할 수 있다.

집은 결국 나를 다시 세워야 한다. 세상에 흔들린 마음을 다독이고 무너진 몸을 회복시키며 내일을 버텨낼 힘을 주어야 한다. 그 역할을 하지 못한다면 집은 잠시 머무는 건물일 뿐이다. 이런 회복을 가능하게 하는 대표적인 공간이 바로 침실이다. 집 안의 다른

공간은 대체로 '우리'를 위해 설계되기 때문이다. 거실은 함께 머무는 자리, 주방은 삶을 돌보는 자리, 식탁은 대화를 이어가는 자리다. 그 속에서 사람은 특정한 역할을 맡는다. 온전히 나로 남는 순간은 드물다. 그래서 나만의 공간과 시간이 부족할수록 집이 편하지 않은 것이다.

한국은 오랫동안 자살률 1위라는 아픈 기록을 가지고 있다. 사회 구조적인 문제와 더불어 일상을 돌보지 못하는 마음이 이런 결과를 초래한다. 편하게 기대어 숨 돌릴 곳이 없을 때 사람은 쉽게 무너진다. 누군가와 함께 있다고 해서 모두가 그런 지지를 얻는 것은 아니다. 차라리 스스로 자신을 돌보며 건강하게 살아갈 수도 있다. 요즘은 혼자 충만한 삶을 살아내는 사람들이 늘고 있다. 결혼을 선택하지 않은 사람들은 "혼자인데 괜찮다"가 아니라 "혼자여서 더 좋다"라고 말하며 혼자 있는 시간을 고립이 아닌 가능성으로 사용한다.

어떤 사람은 퇴근 후 집으로 돌아오면 음악을 크게 틀고 좋아하는 와인을 한 잔 따른다. 아무 일도 하지 않는 혼자만의 시간 자체가 자신을 풍요롭게 한다. 또 다른 사람은 작은 테이블 위에 작은 조명을 켜고 읽고 있던 책을 펼친다. 기다렸던 이야기를 읽으면 오롯이 나를 위한 장면이 연출된다. 또 누군가는 혼자 등산을 다녀

온 뒤 따뜻한 물이 담긴 욕조에 몸을 담근다. 그런 과정에서 각자 자신과 조용히 화해한다. 그 시간은 그들의 삶을 단단하게 만든다.

여기서 중요한 것은 마음의 고독을 견디는 힘이다. 혼자이지만 외롭지 않은 사람은 마음 안에 견고한 중심을 가지고 있다. 누군가와 함께 있어도 외로운 사람은 자기 내면과 연결되지 못한 채 흔들린다. 혼자 산다고 해서 외로운 것이 아니고 결혼했다고 해서 외롭지 않은 것도 아니다. 외로움은 상태가 아니라 관계의 질이고 그것은 자기 자신과의 연결에서 출발한다. 자기 감정을 다독일 줄 아는 사람이야말로 고독에서 힘을 얻는다. 스스로 채우는 능력이 삶을 충만하게 만드는 것이다.

공간 속에서 고독을 버티는 힘을 얻을 수 있다. 잘 정돈된 집, 차분한 조명, 좋아하는 향기, 나에게 맞게 조율된 루틴과 같은 작은 요소들이 마음을 견디는 토대가 된다. 집 안 어딘가에 나를 안전하게 붙잡아주는 자리가 있다면 언제든지 충분히 충만할 수 있다.

우리는 침실을 흐트러뜨리기도 한다. 티브이를 놓고 일감을 가져오고 운동기구까지 배치한다. 그렇게 회복의 무대는 점점 빛을 잃는다. 수면은 얕아지고 마음의 상처는 제때 봉합되지 못한다. 집이 편하지 않다는 말은 결국 침실이 나를 지키지 못한다는 뜻이다.

우리는 집을 그냥 잠만 자는 공간이라고 말하면서 가장 넓은 공간을 침실로 둔다. 본능도 침실이 중요한 공간임을 아는 것이다. 사회가 흔들리는 이유 역시 사람들이 이런 공간을 잃어버렸기 때문이다. 많은 이가 역할 속에서 부지런했지만 자기 자신을 지키는 일에는 게을렀다.

　　나를 사랑하라는 말은 너무 흔해 공허하게 들린다. 하지만 구체적으로는 이렇게 바꿀 수 있다. "침실을 지켜내라. 그것이 곧 나를 사랑하는 일이다." 침실은 기능을 덧붙일수록 힘을 잃는다. 반면 덜어내고 단순할수록 제 역할을 한다. 수면과 회복, 그것만을 위해 존재할 때 침실은 비로소 본래의 힘을 되찾는다. 침실을 지켜내는 것은 곧 나를 지켜내는 일이다. 그리고 그 단순한 결심은 삶을 단단하게 지켜내는 가장 확실한 방법이 된다. 침실은 하루의 마지막 질문을 던진다. 오늘을 어떻게 닫을 것인가. 나는 내게 어떤 위로를 건넬 것인가. 그 의식들이 오늘을 닫고 동시에 내일을 연다.

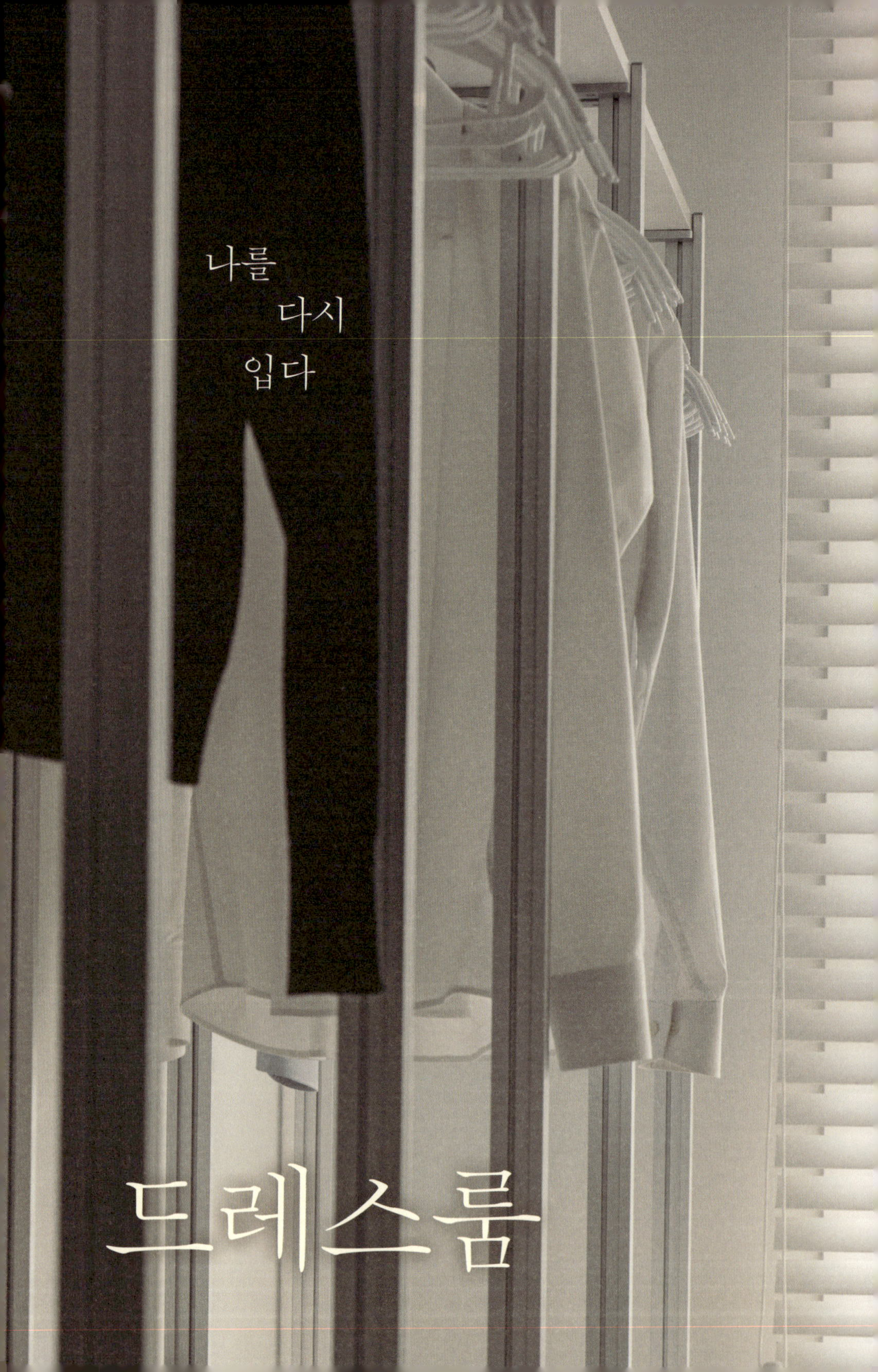
나를
다시
입다

드레스룸

정체성, 그 모든 시간

옷장을 생각하면 떠오르는 영화가 있다. 내가 열 번도 넘게 본 인생 영화 《어바웃 타임》이다. 주인공의 이름은 팀Tim. 어쩌면 time과 발음이 닮았다는 이유로 붙여진 이름일지도 모른다. 특히 인상 깊게 기억하는 장면은 아버지가 처음으로 아들에게 타임리프 방법을 알려주는 순간이다. 팀은 옷장 안으로 들어가 두 주먹을 꼭 쥔 채 눈을 감는다. 그리고 전날의 후회되던 순간으로 되돌아간다.

이 장면이 내게 인상 깊었던 이유는 단순하다. 실제 옷장을 정리하면서 비슷한 감정을 경험하기 때문이다. 옷장은 나에게 작은 타임머신 같다. 유행이 지나 더는 입지 않게 된 재킷이나 이제는 사이즈가 맞지 않지만 버리지 못한 청바지, 오래되어 해졌지만 선물받은 날의 공기가 아직도 남아 있는 니트까지 옷장 속에 쌓인 물건들은 나를 과거로 데려간다. 특히 열어보기 번거로울 정도로 깊숙한 곳에 있는 코너장에는 손이 닿지 않아 방치된 물건들이 과거의 흔적처럼 고스란히 잠들어 있다.

옷장은 나의 정체성을 드러내는 작은 박물관이기도 하다. 책장이 생각의 궤적을 보여주듯 옷장은 내가 어떤 선택을 해왔고 어떤 취향을 쌓아왔는지를 증명한다. 옷을 고르는 방식과 선호하는 색과 소재, 계절마다 달라지는 패턴은 모두 '나'라는 사람의 성격과 태도를 보여준다. 깔끔하게 정돈된 셔츠 줄은 나의 단정함을, 여행지에서 산 원색의 스카프는 내 안의 자유분방함을, 옷장 한 편에 여전히 걸려 있는 교복 재킷은 나의 성장을 설명한다. 옷장은 단순히 과거를 보관하는 창고가 아니라 지금의 나를 설명하는 표정이자 앞으로 어떤 나로 살고 싶은지를 예고하는 아카이브다.

연애 시절 아내가 생일 선물로 준 옷 중에 화려한 기하무늬가 눈에 띄는 니트가 있다. 지금의 나라면 절대 사지 않을, 다소 과장된 색과 패턴이 뒤섞인 옷이다. 그러나 그 시절 날씬했던 내가 입었을 때는 묘한 멋스러움이 있었다. 그 옷을 입을 때 아내가 기뻐하던 눈빛 때문에 기억이 더 특별해졌다. 이제 나이가 들고 몸이 불어

입을 수 없게 되었어도 니트를 꺼내 들면 아내와 함께 웃던 그 시절로 금세 돌아간다. 옷자락에 스며 있는 건 단순한 울의 질감이 아니다. 마주 앉아 이야기하던 카페의 공기와 겨울바람 속에서 손을 꼭 잡던 거리의 온기, 설렘 가득했던 연애의 시간이 여전히 그 옷에 남아 있다. 여전히 곁에 있는 아내와 함께 아이를 키우는 일상이 행복과 맞닿아 있음을 조용히 깨닫게 된다.

동시에 옷은 오늘의 태도를 만드는 가장 직접적인 도구이기도 하다. 아침에 옷을 고르는 짧은 순간에도 우리는 묻는다. "오늘 나는 어떤 얼굴로 살아갈까?" 무심히 티셔츠를 집어 든 날과 셔츠 단추를 가지런히 잠근 날은 비슷해 보여도 그렇지 않다. 운동복 차림으로 하루를 시작하면 몸과 마음이 가벼워지고, 정장을 입을 때 책임감과 단정함이 자연스레 따라온다. 작은 옷차림의 변화가 마음가짐을 바꾸고 그 마음가짐은 결국 하루의 리듬 전체를 달라지게 한다. 드레스룸은 바로 이 작은 변화를 매일 가능하게 하는 첫 번째 공간이다.

드레스룸의 정리는 단순한 질서 유지에 그치지 않는다. 그것은 곧 자기 점검이다. 눈에 먼저 들어오는 위치에 어떤 옷을 두고 있느냐가 현재 상태를 말해준다. 손이 닿지 않는 곳으로 밀려난 옷은 결국 다시 입기 어렵고 눈에 보이지 않는 액세서리는 없는 것이나

다름이 없다. 정리정돈은 내가 어떤 외적 얼굴을 드러내고 싶은지를 점검하는 과정이다. 정리된 드레스룸은 마음도 단정하게 만들지만 뒤엉킨 옷더미는 스스로 방치하고 있다는 무의식을 알려준다. 실제로 한 고객은 드레스룸 정리를 마친 뒤 이렇게 말했다. "옷장만 정리했는데, 인생이 정리된 기분이에요."

사실 '옷'은 언제나 사회의 표정이다. 한 사회가 성장하고 변하기 시작할 때 가장 먼저 바뀌는 것이 사람들의 차림새니까 말이다. 먹고사는 문제를 해결한 뒤가 아니라 삶이 달라질 거라는 기대가 생기는 순간부터 옷은 변한다. 그래서 의衣가 식食이나 주住보다 앞서 시대의 변화를 말해왔다. 세계 곳곳에서 산업의 출발점에 의류와 섬유가 자리했던 이유도 다르지 않다. 천을 짜고 옷을 만들어 수출하며 세계와 연결된 나라들은 그 속에서 입지를 조금씩 확장해 나갔다. 우리 역시 그런 시간을 지나왔다. 오늘의 거대한 기업들 또한 처음에는 옷감과 바느질에서 출발했고 그 시작이 결국 한 시대의 성장 서사가 되었다.

입는 것에 투자하는 이유는 분명하다. 옷은 자신을 가장 직관적으로 변화를 드러내는 도구이기 때문이다. 새 옷을 입고 거울 앞에 서는 순간 아직 내 안이 크게 달라지지 않았더라도 나는 이미 '다른 나'로 살아갈 준비가 되어 있다. 작은 사치 같지만 그 차이가 삶의 태도를 바꾸는 출발점이 된다. 이렇게 보면 드레스룸은 단순한 수납장이 아니다. 과거의 나를 증명하는 박물관이자 오늘의 태도를 확정 짓는 편집실이며 내일의 가능성을 미리 보여주는 무대다. 우리는 이곳에서 어제의 실패를 벗어 던지고 오늘의 자신감을 걸치며 내일의 가능성을 준비한다.

드레스룸에 서면 자연스럽게 그 사람의 취향과 태도, 자존감이 고스란히 드러난다. 화장대 앞에서 자신을 바라보는 순간 나는 주연이 되고 그 주변으로 배경이 깔린다. 집은 단순한 기능의 집합이 아니며 공간은 곧 의식을 만든다. 성격이 전혀 다른 두 무대가 한 공간에 섞일 때 공간의 본질이 훼손될 수 있기 때문에 드레스룸은 침실의 부속품이 아니라 독립된 공간이어야 한다. 공간이 분리될 때 우리는 마음가짐을 선명하게 만들 수 있다. 침실에 들어설 때는 오늘을 내려놓는 태도를, 드레스룸에 들어설 때는 내일을 준비하는 태도를 가지는 것이다. 이 단순한 공간의 분리가 우리의 삶에 놀라운 리듬을 부여한다.

드레스룸을 단순한 수납 용도로만 두기에는 아깝다는 생각이 든다. 이 공간은 옷을 넣고 꺼내는 기능을 넘어 집 안의 동선 한 가운데 자리할 때 진가를 드러낸다. 그렇게 하면 침실에서 나와 바로 들어갈 수도 있고 욕실에서 옷을 벗은 채로 이동할 수도 있다. 현관으로 향할 때는 중간 지점이 되어 외출복으로 빠르게 갈아입을 수도 있다. 저녁에는 집에 돌아와 실내복으로 빠르게 갈아입을 수 있다. 세탁이 끝난 옷이 제자리를 찾는 종착역이 되기도 한다.

드레스룸은 특이한 성격을 가진다. 가족 모두가 사용할 수 있는 공용공간이지만 동시에 눈에 잘 띄지 않는 곳에 있을 때 더 빛을 발한다. 옷을 갈아입는 사람이 있을 수 있으므로 거실이나 주방처럼 거리낌 없이 드러나서는 안 된다. 이 내밀한 분위기가 드레스룸을 특별하게 만든다. 긴 시간 머무르기보다는 삶의 흐름 속에서 잠깐씩 들러 옷을 갈아입고 점검한다. 타인의 시선이 닿지 않는 곳에서 비로소 자신을 볼 수 있다. 거울 앞에서 자세를 고쳐 잡고 정리된 오늘의 태도를 선택하는 순간 드레스룸은 지극히 개인적인 공간이 된다.

가속 구성원에 따라 의미가 달라지기도 한다. 아이에게 드레스룸은 성장의 기록장이다. 오늘 맞는 교복이 내년에는 작아지고 주로 입던 옷이 운동복에서 성인 옷으로 바뀌어 간다. 쌓인 옷 하나

하나가 아이가 자라며 거치는 역의 간이 표지판처럼 보인다. 그 옷을 정리하면서 아이의 성장 속도를 실감한다. 함께 사는 사람들에게 드레스룸은 협력과 구분이 동시에 일어나는 공간이다. 함께 쓰지만 각자의 영역을 두어야 갈등이 줄어든다. 서로 다른 생활 리듬과 취향이 교차하는 곳이기에 정리 방식에서도 타협과 이해가 필요하다. 누군가는 옷걸이에 셔츠를 정갈히 걸어야 마음이 놓이고 누군가는 접어 두는 방식이 편안하게 느껴진다. 작은 서랍 하나에도 두 사람의 차이가 드러난다. 그러나 이 작은 갈등을 맞추어가는 과정에서 부부의 생활 리듬도 조율된다. 드레스룸은 협상의 플랫폼이자 존중의 연습장이 된다.

드레스룸이 기차역을 닮았다는 비유는 단지 동선 때문만은 아니다. 이곳은 심리적 환승이 이루어지는 곳이다. 아침에 출근 복장으로 갈아입는 순간 나는 가족 구성원에서 사회인으로 전환된다. 반대로 퇴근 후 옷을 벗고 실내복으로 갈아입는 순간에는 사회적 얼굴을 내려놓고 사적 존재로 돌아온다. 드레스룸은 사회적 역할과 개인적 역할 사이의 짧은 경계역이다. 심리학에서는 이렇게 역할 전환의 공간을 의식적으로 거치는 게 스트레스 완화에 도움이 된다고 말한다. 드레스룸은 내적 긴장을 조율하고 균형을 회복하는 심리적 완충지대다. 드레스룸에서 옷을 갈아입는 몇 분은 단순한 신체의 변화가 아니라 정체성의 환승 의식이다.

드레스룸은 살림을 돌보는 사람에게도 중요한 공간이다. 드레스룸을 중심으로 빨래가 끝난 옷을 제자리에 두는 동선이 만들어질 때 집안일은 훨씬 단순하고 편리해진다. 예를 들어, 아침 출근 준비를 떠올려 보자. 우리는 먼저 욕실에서 씻고 젖은 수건을 손에 든 채 드레스룸으로 들어와 옷을 갈아입는다. 갈아입고 난 뒤에는 벗어둔 잠옷과 젖은 수건을 빨래통이나 발코니의 세탁기로 가져간다. 세탁이 끝나면 세탁물을 펼쳐 건조대나 건조기에서 정리하고 다 마른 옷은 다시 드레스룸으로 돌아와 제자리를 찾는다. 이렇게 욕실-드레스룸-세탁실로 이어지는 선순환의 동선이 만들어질수록 생활은 단순해지고 시간과 에너지는 여유로 남는다.

반대로 동선이 어긋나면 불편은 눈덩이처럼 커진다. 샤워 후 욕실에서 젖은 수건을 챙겼는데 드레스룸이 침실 반대편에 있다면 수건을 들고 집안을 가로질러야 한다. 세탁기가 거실 끝 발코니에 있다면 빨래를 안고 집 전체를 오가야 한다. 옷을 정리하는 과정이 번거롭고 지저분해지기 쉽다. 이런 비효율이 쌓이면 집안일은 두 배의 노동처럼 느껴진다.

침실과 연결된 드레스룸은 하루의 시작과 끝을 가장 자연스럽게 이어준다. 아침에 눈을 뜨고 침대에서 일어나 욕실에서 씻은 뒤 곧바로 드레스룸으로 들어가 옷을 고른다고 생각해 보자. 그런 삶은 하루하루를 조용히 출발할 수 있게 해준다. 밤에는 옷을 갈아입으며 금세 다시 개인적인 나로 돌아온다. 욕실과 연결된 드레스룸은 씻고 나서 옷을 바로 갈아입을 수 있는 이상적인 동선을 만든다. 샤워를 마친 뒤 문 하나만 열면 곧바로 드레스룸이다.

현관과 연결된 드레스룸은 효율적이다. 아침에 외출복을 입고 곧장 현관으로 나서면 준비가 간결해진다. 집에 돌아와서도 코트를 벗어 걸고 가방을 내려놓는 순간 바깥의 역할이 정리된다. 무엇보다도 현관 앞 드레스룸은 옷과 신발의 조화를 빠르게 확인할 수 있어서 좋다. 어울리는 신발을 찾지 못해 다시 방으로 돌아가 옷을 갈아입은 경험이 있다면 그 일이 얼마나 번거로운지 알 것이다. 드레스룸이 현관 옆에 자리한다면 이런 어지러움은 최소화된다. 외출의 리듬이 매끄러워지고 귀가할 때 동선도 단정해진다.

드레스룸은 잠깐 머무는 공간이다. 그러나 그 짧은 머무름이 하루의 태도를 바꾸고 삶의 효율을 높이며 자신감을 되찾게 한다. 가족에게는 성장과 협력의 장이 되고 개인에게는 사회적 역할과 사적 역할을 환승하는 플랫폼이 된다. 공용이면서도 은밀하고 실용적이면서도 철학적인 공간. 드레스룸은 결국 집 안에서 전환의 장면들을 지휘하는 리듬의 중심이다.

인테리어 상담에서 드레스룸을 이야기할 때 사람들은 흔히 수납의 양을 먼저 이야기한다. 얼마나 많은 서랍을 둘 수 있는지에 대한 질문이 가장 많다. 물론 수납은 아주 중요하다. 그러나 수납의 양은 결국 공간의 크기가 결정한다. 디자이너들은 늘 이 한계를 넘기 위해 고민한다. 동선을 최소화하면서 수납 면적을 넓히는 방식을 찾기 위해서이다. 하지만 이렇게만 설계하면 공간은 오히려 답답해 보이기도 한다.

이 지점에서 몇 가지 기본적인 인테리어 상식을 알아두면 도움이 된다. 옷장의 깊이감은 성인의 팔 길이 수준인 약 700밀리미터

정도다. 너무 얇으면 옷이 비뚤게 걸리고 너무 깊으면 안쪽 공간이 죽어버린다. 그리고 우리가 이용하는 통로는 최소 1,000밀리미터 이상은 되어야 한다. 특히 양쪽에 수납장을 두고 두 사람이 앞뒤로 움직이는 구조가 되어야 한다. 이 폭이 확보되지 않으면 생활이 불편해진다. 그래서 드레스룸을 설계할 때는 반드시 내 집의 장 사이즈와 통로 폭을 직접 계산해 보는 것이 필요하다.

또 반드시 기억해야 할 것이 코너 공간이다. 많은 이가 코너장을 채워 수납을 늘리려고 하지만 나는 두 가지 이유로 추천하지 않는다. 첫째는 코너가 결국 창고가 될 가능성이 높다는 것이다. 잘 보이지 않고 손이 닿기 힘든 구조 때문에 정작 입는 옷은 안에서 묵기 쉽다. 만약 창고가 필요하다면 차라리 발코니나 현관 같은 다른 공간을 활용하는 것이 훨씬 낫다. 둘째는 코너장 제작 비용이 일반 장보다 비싸다는 것이다. 그런데도 결국 창고로 활용될 가능성이 크니 비싸게 돈을 주고 죽은 공간을 만드는 셈이 된다. 결국 수납은 한계가 정해져 있어서 무조건 늘리는 방식은 연출할 수 있는 공간의 가능성을 오히려 줄여버린다.

이런 한계 속에서 숭요한 역할을 하는 것이 바로 거울이다. 거울은 단순히 옷차림을 확인하는 도구가 아니다. 협소한 공간을 넓게 느끼게 하는 공간 인식의 장치이자, 내 모습을 전체적으로 비쳐보게 하는 심리적 장치다. 드레스룸에서 거울은 공간의 한계를 확장하는 도구이자 오늘의 태도와 내일의 가능성을 점검하는 창으로 기능한다. 전신거울 앞에 서서 셔츠의 단추를 잠그면 마음의 태도까지 단정히 여미게 된다. 그래서 나는 거울 없는 드레스룸을 상상할 수 없다. 거울은 공간을 기능적으로도 정서적으로도 완성하는 오브제다.

거울이 있다면 그다음은 조명이다. 드레스룸은 집 안의 작은 무대다. 무대에는 언제나 조명이 필요하다. 아침에 출근을 준비할 때는 눈을 환히 뜨게 만드는 백색광이 좋다. 옷의 색을 정확히 구분할 수 있고 정신까지 또렷하게 만든다. 반대로 저녁에 귀가 후 실내복으로 갈아입을 때는 따뜻한 톤의 조명이 제격이다. 하루의 긴장을 풀고 몸과 마음이 부드럽게 이완된다. 밝기의 강약만으로도 하루의 리듬은 달라진다. 조명은 단순한 빛이 아니라 하루의 시작과 끝을 지휘하는 신호등이다.

드레스룸을 설계할 때 자주 빠뜨리는 것이 세탁물의 흐름이다. 앞에서 드레스룸이 살림을 돌보는 사람에게 중요한 공간임을 이야기했으니 여기서는 동선보다 '세탁 순환'에 집중하고자 한다. 가능하다면 세탁기와 건조기를 드레스룸 내부에 두는 게 최선이다. 세탁, 건조와 더불어 정리까지 한자리에서 이어지면 빨래가 집안을 떠돌지 않는다. 다만 설치 전 급·배수 라인, 환기창·배기덕트, 전기 용량 전용 회로·누전차단기 같은 기본 조건을 점검해야 한다. 실내 설치가 부담스럽다면 발코니와 문 하나로 직결된 방을 드레스룸으로 삼자. 이때는 발코니 턱 방수, 빗물 유입·결로 관리, 겨울 동파위험 관리, 전원·급배수 위치만 사전에 점검하면 충분하다. 어떤 구성을 택하든 핵심은 같다. 빨래가 제자리로 곧바로 돌아가는 길을 만들어주는 것이다. 이것 하나로 집안일의 무게가 가벼워지고 하루의 리듬이 매끄러워진다.

드레스룸에 세탁기가 있든 없든 환기와 냄새 관리는 반드시 고려해야 한다. 옷은 냄새를 쉽게 흡수하기 때문이다. 통풍이 잘되지 않으면 습기는 바로 곰팡이가 되고 미세한 냄새가 옷감에 배어 삶의 질을 떨어뜨린다. 작은 창 하나, 제습기 하나, 디퓨저 하나가 드레스룸의 공기를 바꾼다. 은은한 향은 공간의 기분을 정리하고 환기는 생활의 질서를 유지한다. 냄새는 눈에 보이지 않지만, 집의 표정을 결정하는 중요한 요소다.

가구의 소재와 색삼도 중요하다. 무채색 가구는 옷의 색을 더 뚜렷하게 드러내 주고 원목 소재는 따뜻한 안정감을 순다. 유리문은 개방감을 주지만 동시에 늘 정리를 요구한다. 작은 소재의 차이가 드레스룸의 분위기를 완전히 바꾼다. 내 옷장의 색과 드레스룸의 색이 조화를 이루면 나의 스타일을 전시하는 공간이 될 수도 있다. 드레스룸의 크기는 사람마다 다르다. 좁은 아파트 드레스룸이라면 거울과 조명, 행거만으로 충분히 넓고 단정한 공간을 연출할 수 있다. 반대로 큰 드레스룸이라면 가족 구성원별 구역을 나누고 회전식 행거나 아일랜드 수납장을 두어 동선을 효율적으로 설계하는 것이 좋다. 중요한 것은 크기가 아니라 리듬이다. 주어진 크기 안에서 어떻게 순환과 여백 빛과 환기를 배치하느냐가 드레스룸의 품격을 결정한다.

드레스룸에서 마지막으로 손끝에 남는 것은 손잡이다. 수납장을 열고 닫을 때의 감촉, 소리, 손끝의 편안함이야말로 일상에서 가장 자주 경험하는 기능이다. 부드럽게 열리고 조용히 닫히는 손잡이는 작은 배려이자 삶을 존중하는 디테일이다. 눈에 띄지 않는 사소한 차이가 드레스룸의 품격을 결정한다. 모든 옷이 곧장 장롱 안으로 들어가야 하는 것은 아니다. 한두 번 입은 코트, 내일 다시 입고 싶은 바지, 당장 빨지 않을 니트 같은 옷들이 잠시 머물 자리도 필요하다. 벽 전체를 붙박이장으로 가득 채우는 대신 걸어둘 수 있는 공간을 마련하면 좋다. 이 작은 행거가 드레스룸의 여백을 만든다. 옷의 리듬과 사람의 리듬을 조율하는 완충지대다.

드레스룸은 수납만으로 완성되지 않는다. 거울이 공간을 확

장하고 조명이 하루의 리듬을 완성한다. 색감과 소재가 공간의 표
정을 만들고 손잡이가 배려를 마무리한다. 환기가 공기를 맑게 하고
헹거가 여백을 마련한다. 이 작은 기능들이 모여 삶을 점검하고 리
듬을 회복하는 철학적 공간이 된다. 결국 드레스룸의 디테일은 내가
오늘을 어떤 태도로 살고 있는지를 말해준다.

검은색 정장은 단호함과 힘을, 흰 셔츠는 새로움과 청결을, 파스텔 색감의 옷은 부드러움과 친근함을 상징한다. 같은 얼굴이라도 옷의 색에 따라 전혀 다른 인상을 주는 것이 바로 이런 이유 때문이다. 더 나아가 옷장 속 색의 분포를 보면 그 사람의 성향과 지금의 심리 상태를 읽을 수도 있다. 무채색 옷이 많은 사람은 자신을 절제하고 싶은 마음이나 안전한 선택을 추구하는 경우가 많고 강렬한 색상을 즐겨 입는 사람은 자존감을 과감히 드러내거나 새로운 에너지를 원하는 경우가 많다.

이 차이는 나이에 따라서도 뚜렷하게 나타난다. 보통 10대의 옷장은 실험과 모험으로 소개된다. 외국 영화 속 방을 떠올리면 벽면을 뒤덮은 밴드 포스터, 형광 메모, 제멋대로 섞인 체크 셔츠와 그래픽 티셔츠, 한 짝만 다른 양말 같은 과감한 조합이 먼저 생각난다. 오늘은 힙합, 내일은 펑크. 그다음 날은 스포츠 룩 정체성을 시험하는 것이다.

그런데 한국의 10대 현실은 조금 다르다. 교복이 평일 대부분 시간을 차지하고 하교 후에는 학원과 독서실이 일상의 배경이다. 옷을 보여줄 시간이 제한되니 주말이나 방과 후의 학교 밖 만남에서 실패 위험을 줄이는 선택을 하게 된다. 게다가 용돈과 예산이 정해져 있어 두고두고 입을 수 있는 안전한 색이 우선된다. 또래 집단의 규범과 댓글 문화, 알고리즘이 만들어내는 요즘 느낌은 개성을 키우기보다 표준을 빠르게 복제한다. 그 결과 요즘의 10대 옷장에서는 검정·회색 같은 무채색이 눈에 띄게 늘었다. 튀지 않으면서 세련되어 보이고 거울 샷과 교복 위 레이어드에도 실패가 적다. 과거의 10대가 화려한 색으로 자기를 드러냈다면 지금의 청소년은 무채색으로 자신을 보호하면서도 또래 속에서 존재감을 관리하는 방식을 택하고 있는 셈이다.

20대에는 삶의 장면이 바뀔 때마다 옷장도 표정을 달리한다. 공통점이 있다면 새로운 문화를 망설임 없이 받아들여 내 것으로 시험해 본다는 것이다. 그래서 이 시기의 옷과 집은 다소 과장되어 보일지라도 에너지와 추진력이 있다. 대학생의 옷장은 그들의 시간표처럼 유연하다. 강의실, 동아리, 페스티벌을 오가며 그래픽 티셔츠, 스니커즈, 후드를 실험의 베이스로 쓴다. 마음에 드는 아우터로 톤을 바꾸고 모자, 가방, 양말 같은 액세서리로 포인트를 준다. 실패를 두려워하지 않는 대신 재빠르게 수정한다.

사회 초년생의 옷장은 역할이 색을 정한다. 주중에는 네이비, 화이트, 블랙으로 신뢰감 있는 이미지를 만들고 주말에는 원색이나 대담한 패턴으로 내가 여기 있다는 메시지를 선언한다. 아직 자리를 굳히지 못했기에 더 또렷한 색으로 존재를 강조한다. 오늘 들은 음악, 내일 갈 전시, 피드에 저장해 둔 한 장의 사진이 곧 다음 주 입을 옷의 선택으로 이어진다. 빠르게 흡수하고 빠르게 바꿔 본다. 그 반복 속에서 비로소 진짜 취향의 뼈대가 드러난다. 신혼의 옷장은 두 취향의 혼합 실험실이다. 서로의 패션이 자연스럽게 섞이면서도 경계선을 찾아간다. '우리'의 팔레트를 만드는 시기다.

30대에 들어오면 색이 줄어드는 게 아니라 정리된다. 현관에 걸린 코트 하나가 하루 사이 회의실과 마트, 저녁 약속을 모두 통과해야 한다는 걸 몸이 먼저 안다. 그래서 옷장은 더 단정해진다. 무채색 기본 아이템이 앞줄에 서고 편안한 디자인과 소재, 관리의 편안함이 중요해진다. 구김이 덜 가는 셔츠, 하루 종일 편한 구두, 손이 자유로운 크로스백과 같은 아이템을 많이 소장하게 된다. 드레스룸의 채도를 낮추고 완성도를 높이는 것이다. 욕심을 줄이는 게 아니라 선택을 배우는 시기다.

아이가 있는 집의 옷장은 조금 다르다. 드라이 전용 코트는 뒤로 밀리고 신발은 구두 대신 깨끗한 스니커즈가 앞에 놓인다. 포켓이 많은 아우터와 백팩은 두 손을 자유롭게 해준다. 셔츠 옆에는 원색의 아동복이 어깨를 나란히 걸치고 서랍 한 칸에는 보호자의 니트와 아이의 양말이 마구 뒤섞여 있다. 취향을 포기한 게 아니라 우선순위를 재배치한 결과다. 20대의 과감함이 사라진 게 아니다. 방향이 바뀌었을 뿐이다. 이 시기의 무채색은 타협의 색이 아니라 많은 장면을 무리 없이 통과하게 해주는 기술임을 생각하게 된다.

40대 이후의 색은 취향의 선언이 아니라 취향의 운용으로 완성된다. 사회적 역할은 이미 자리를 잡았으므로 이 시기의 옷장은 나에게 가장 잘 어울리는 색을 중심으로 정리된다. 누군가는 여전히 블랙으로 하루를 징는하고 누군가는 그능안 밀리했던 자신을 드러내는 색들로 옷장을 채운다. 화려하지는 않지만 은은하게 내 생활에 녹아드는 색을 선택하기도 한다. 그리고 그 선택은 점점 자연을 닮아간다. 나무의 갈색, 흙빛의 고동, 이끼 긴 초록, 빛바랜 크림

처럼 자연에서 길어 올린 색들이 옷장에 스며든다. 꽃이 절정의 아름다움을 보여주듯 결국 최고의 색은 자연이 남겨둔 것이라는 걸 깨닫게 된다. 인위적 유행보다 더 오래 지속될 아름다움으로 채워진다. 오늘의 선택이 10년 뒤에도 낯설지 않은가를 묻는다. 그 질문 앞에 모인 선택들이 어느 순간 조용하고 단단한 우리 가족의 클래식으로 정리된다.

옷장은 곧 나의 심리와 삶의 국면을 기록하는 색의 연대기다. 심지어 작은 아이템 하나에도 심리가 숨어 있다. 화려한 양말 한 켤레가 자존감을 은근히 북돋울 수 있고 아무도 보지 못하는 속옷 색이 내 안의 활력을 지탱해 주기도 한다. 집 역시 다르지 않다. 벽의 톤, 커튼의 색, 작은 소품 하나까지도 나를 드러낸다. 옷장과 집은 서로를 비추는 두 개의 거울처럼 나의 자존감과 개성을 가장 솔직하게 드러내는 정서의 창고다.

아내와 나는 옷을 대하는 태도가 너무도 다르다. 아내는 늘 입을 게 없다는 말을 귀엽게 반복한다. 사실 옷장은 가득 차 있지만 그녀에게 옷이란 있음이 아니라 새로움의 문제다. 새로운 옷을 살 때마다 기뻐하고 쇼핑의 순간에 작은 설렘을 느낀다. 값비싼 명품은 아니어도 계절이 바뀌거나 기분이 달라질 때마다 새로운 옷을 사는 것이 삶의 활력소가 된다고 한다. 나는 그 모습이 늘 신기하다.

나는 옷을 기능과 이미지의 장치로만 여겨왔다. 추위를 막아주고 대외 활동에서 너무 촌스럽지 않게 보이도록 해주는 최소한의 방패로 생각한 것이다. 한때는 스티브 잡스처럼 같은 티셔츠와 같은

색 바지를 반복해서 입으며 선택의 피로를 줄였다고 뿌듯해하기도 했다. 하지만 나 역시 가끔은 멋을 부리고 싶을 때가 있다. 여행 전 날이나 가족과 근사한 레스토랑에 가기 전처럼 특별하게 기억하고 싶은 날에는 거울 앞에서 신중히 셔츠 색상과 어울리는 운동화를 골라본다. 그때 느껴지는 작은 긴장과 두근거림이 묘하게 즐겁다.

생텍쥐페리 《어린왕자》에 이런 구절이 나온다. 여우가 어린 왕자에게 길들인다는 말의 뜻이 아직 오지 않은 시간을 미리 즐거 워하는 것이라고 말하는 장면이다. 매일 같은 시간에 약속이 있다 면 그 시간이 다가오기 전부터 마음이 들뜨고 기다림 자체가 행복 해진다는 뜻이다. 아침에 옷을 고르는 순간은 아직 시작되지 않은 하루를 미리 살아보는 시간이다. 오늘은 누구를 만날지, 어떤 대화 가 오갈지, 어떤 기분으로 저녁을 맞이할지 상상하다 보면 아직 오 지 않은 장면들이 작은 기대와 설렘을 만든다. 옷깃을 여밀 때 손끝 에 닿는 뻣뻣한 촉감은 '첫 장면'의 긴장과 흥분을 불러온다. 마치 새 노트의 첫 페이지를 펼칠 때처럼 빈공간이 주는 가능성이 몸으 로 스며든다.

하지만 설렘은 그리 오래 머물지 않는다. 며칠만 지나면 새 옷은 금세 익숙해진다. 그래서 우리는 또 다른 설렘을 찾는다. 계절 이 바뀔 때마다, 새로운 유행이 등장할 때마다 다른 나를 보여주고 싶은 욕망은 되살아난다. 옷이 많아도 늘 입을 게 없다고 느끼는 이유는 부족해서가 아니라 설렘의 수명이 짧기 때문이다. 일본의 '정리의 신' 곤도 마리에는 설레지 않는 물건은 버리라고 조언한다. 단순히 수납의 효율을 높이는 기술이 아니라 나의 삶에 불필요한 무게를 덜어내는 방식이다. 드레스룸에 쌓여 있지만 더 이상 설레지 않는 옷들은 결국 나의 현재를 지탱하지 못한다. 오히려 과감히 비워낼 때, 새로운 설렘이 들어설 자리가 생기고 마음의 질서가 회복된다. 정리를 통해 얻게 되는 평온함은 단순히 깔끔함이 아니라 나 자신을 가볍게 하는 자유다.

옷이 쌓일수록 안정감이 사라질 수 있다. 선택지가 많을수록 선택이 더 어려워지고 아침마다 "오늘은 뭘 입어야 하지?"라는 고민이 반복된다. 정리된 듯 보여도 손이 자주 가는 몇 벌만 돌려 입는다면 나머지 옷들은 사실상 없는 것이나 다름없다. 잘 채워진 옷장이 오히려 나를 압박하는 순간 드레스룸은 안정 대신 혼란을 안긴다. 그럴 때는 좌절을 느낄 수도 있다. 장롱 깊숙이 넣어둔 원피스나 셔츠, 태그도 떼지 않은 채 남은 쇼핑백, 사이즈가 맞지 않아 다시 입지 못하는 바지와 같은 것들은 모두 나의 숨겨진 욕망을 보여준다. 충동구매의 흔적은 쉽게 자기 비난의 재료가 되고 높게 쌓인 옷더미는 게으름을 드러내는 증거가 된다. 그리고 이 순간 거울 앞에 서면 좌절은 더욱 선명해진다. 운동을 게을리했던 흔적과 나

태했던 생활이 얼굴과 몸에 그대로 드러난다. 거울은 냉정하고 정직하다. 동시에 좌절의 시간을 건너가게 해주는 유일한 다리이기도 하다. 꾸준히 쌓아온 작은 습관이 드러나고 제대로 갖춰 입은 뒤 거울 앞에 서면 다시 자존감이 채워지기도 한다. 좌절과 자존감은 언제나 같은 공간에 맞닿아 있다.

계절이 바뀌는 때는 이 순환을 가장 극적으로 드러낸다. 여름옷을 상자에 넣고 두툼한 겨울 코트를 꺼내는 일과 봄에 다시 가벼운 셔츠를 정리하는 일은 마음을 환기한다. 그 과정에서 우리는 지난 계절을 돌아보고 다가올 계절을 상상한다. 반소매 티셔츠에 남은 땀과 햇빛의 기억과 두꺼운 패딩에 남아 있는 눈 내리던 날의 공기를 떠올린다. 곧 시간을 갈아입는 일이다. 드레스룸은 이렇게 과거와 미래를 오가는 '시간의 창고'가 된다.

다시 말해 소멸이 아닌 순환의 공간이다. 설렘은 안정으로 이어지고 안정이 무너져 좌절을 느끼고 좌절은 다시 자존감을 되살리는 힘이 된다. 자존감이 채워지면 또 다른 설렘이 생긴다. 이런 순환이야말로 드레스룸이 가진 가장 큰 힘이다. 그 순환 속에서 우리는 매일의 태도를 점검하고 나를 새롭게 확인한다.

아내가 옷장에서 설렘을 찾고 내가 기능 속에서 안정을 찾듯 방식은 다르지만 결국 모두가 같은 질문을 향한다. "오늘 나는 어떤 옷으로 하루를 살아낼 것인가?" 그 질문 앞에서 드레스룸은 우리 각자의 시간을 증명한다. 그래서 나는 이제 아내가 새 옷을 사며 기뻐하는 모습을 조금은 이해한다. 그 시간이 설레는 이유는 아직 오지 않은 하루를 미리 길들여 보고 있기 때문이다. 그 설렘은 언젠가 내게도 찾아온다. 가족과 함께하는 저녁 약속을 기대하며 거울 앞에서 멋을 부리는 바로 그 순간처럼 말이다.

욕실

정화하는 시간

욕실은 단순히 씻고 정돈하는 기능적 공간으로만 여겨지는 경우가 많다. 하지만 욕실은 그 집의 생활 수준과 습관, 보이지 않는 관리의 태도가 가장 솔직하게 드러나는 공간이다. 눈에 띄는 때를 지우는 데서 끝나지 않고 곰팡이와 세균, 미세 바이러스까지 관리해야 하는 시대가 되었다. 코로나19를 겪으며 우리는 작은 바이러스가 삶을 뒤흔들 수 있다는 사실을 알게 되었고 청결은 곧 건강을 지키는 방패로 인식되기 시작했다. 욕실은 그 방패가 제대로 작동하는지를 가장 먼저 보여주는 징직한 공간이다.

흥미로운 건 정결에 내한 태도가 사람에 따라 극이라는 점이다. 작은 얼룩 하나에도 강박적으로 청소를 반복하는 사람이 있는가 하면 곰팡이가 눈에 보여도 무심한 사람도 있다. 심리학적으로 청결은 불안을 다루는 방식과 연결된다. 결벽 성향이 강한 사람에게 욕실 청소는 불안을 다루는 하나의 의식처럼 작동한다. 반대로 무심한 사람은 욕실에서 눈에 보이는 불편함조차 애써 외면하며 마음의 불안을 함께 밀어둔다.

이런 불안을 줄여주는 방법은 결국 디자인의 디테일에서 나온다. 가장 대표적인 것이 대형 타일 시공이다. 보통 아파트 욕실 천장은 2,400밀리미터를 넘지 않는데, 600×1,200 사이즈의 타일을 세로로 두 장 시공하면 가로 줄눈이 한 줄만 남는다. 벽 전체가 하나로 이어진 듯한 시각적 효과가 생기고 매지 라인이 줄어들어 청소도 훨씬 수월해진다. 큰 타일을 사용해 줄눈을 최소화하면 곰팡이에 대한 걱정이 줄고, 고강도 줄눈재를 사용하면 오염이나 탈락을 방지할 수 있다.

최근에는 곰팡이 억제제가 들어간 매지도 많이 쓰여 관리 부담을 한층 덜어준다. 여기에 물때가 잘 드러나지 않는 도기류와 수건걸이 등의 액세서리를 고르면 청소 스트레스는 확실히 줄어든다. 도기로 타일을 일체 시공하는 방도 있다. 타일과 도기 사이의 경계가 사라지면서 작은 틈새에 대한 불안이 줄고 디자인적으로도 단정해 보인다. 관리 또한 간편하다. 타일 위에 물때가 껴도 스크래퍼로 가볍게 긁어내면 금세 원래의 상태로 돌아간다. 작은 디테일 하나가 마음의 안정을 만든다.

청결은 곧 안전과도 연결된다. 환기창이나 환기팬은 습기를 막는 기본 장치이며 최근에는 온풍 기능이 결합된 환풍기도 등장했다. 젖은 수건이 불쾌하다면 타월 워머가 좋은 해법이 된다. 뽀송하게 마른 수건은 위생적일 뿐 아니라 작은 사치를 누리는 기분까지 선사한다. 깨끗하고 안전한 욕실은 단순한 공간을 넘어 자신을 존중받는 존재로 느끼게 해준다. 욕실은 밖과 안을 가르는 경계의 장소이다. 씻는 행위는 단순히 위생을 지킬 뿐 아니라 사회적 가면을 벗고 본래의 나로 돌아가는 의식으로 생각할 수도 있다.

욕실의 인상은 구조와 시선에 크게 좌우된다. 문을 열었을 때 가장 먼저 보이는 것이 변기라면 아무리 청결을 유지해도 어딘가 불결한 이미지가 남는다. 20세기 초 뒤샹이 소변기를 가져와 작품 〈샘Fountain〉으로 제시했을 때 사람들이 충격을 받았던 이유도 그 때문이다. 흥미로운 점은 우리가 흔히 불결함의 상징으로 떠올리는 그 변기가 당시에는 오히려 '근대적 위생의 상징'이있다는 사실이다. 수세식 양변기가 등장하기 전, 많은 가정과 도시가 불완전한 배수 시설과 악취 나는 공동변소에 의존했고 늘 위생이 문제였나. 그런 시대에 물을 흘려보내는 양변기의 보급은 단순한 편의의 향상이 아니라 문명 전체의 생활 방식을 바꾼 혁명이었다. 집 안에서 냄새와 오염을 밀어내고 깨끗함을 일상의 일부로 만든 첫 장치였기 때문이다. 그래서 양변기는 한때 기술과 위생, 도시 문명의 진보를 상징하는 오브제였다.

그러나 오늘날 우리의 감각은 다르다. 위생 시스템이 일상 깊숙이 자리 잡은 지금, 변기는 다시 가리고 싶은 대상으로 인식된다. 기능적으로는 가장 위생적인 시대를 살고 있지만 시선이 닿는 순간 느껴지는 불편함은 여전히 남아 있다. 욕실 문을 열었을 때 가장 먼저 무엇이 보이는지가 공간의 인상을 좌우한다는 사실이 여기서 분명해진다.

호텔 욕실을 떠올려 보면 문을 열자마자 변기가 보이지 않는 구조가 대부분이다. 작은 배려가 공간 전체의 이미지를 바꾸는 것이다. 집은 배관과 벽 구조가 얽혀 있기 때문에 변기의 위치를 쉽게 바꾸기 어렵다. 그럴 때는 문의 위치를 살짝 조정하거나 변기를 약간 비틀어 파티션 뒤로 숨겨주는 것만으로도 전혀 다른 공간처럼 느껴진다. 낮은 벽이나 가벼운 가림막 하나로도 효과는 크다. 작은 변화지만 그 순간 욕실은 호텔처럼 정돈되고 쾌적한 분위기로 변한다.

샤워 공간도 취향에 따라 나뉜다. 샤워 파티션은 오픈형으로 가볍게 공간만 나눠 물 튐을 줄여준다. 샤워 부스는 문이 달려 있어 물이 욕실 전체로 튀는 것을 막아주어서 샤워를 강하게 즐기는 사람에게 적합하다. 해외에서는 샤워 커튼을 흔히 사용한다. 관리가 쉽지 않아 국내에서는 잘 사용되지 않는데 해외 경험이 있는 사람들에게는 향수 어린 요소이기도 하다.

모든 욕실에는 각자의 루틴이 있다. 양치 도구와 치실, 면도기와 헤어드라이어를 손에 잘 닿는 곳에 두고 사용한다. 누군가는 면도경을 두고 매일 아침 정돈된 얼굴을 확인하고 누군가는 욕실에서 스킨케어와 화장까지 마친다. 또 다른 사람은 피부 관리 기기를 욕실에 두고 저녁 시간을 마무리한다. 호텔식 수건, 잘 정돈된 어메니티, 향초와 디퓨저는 일상의 욕실을 호텔처럼 바꿔준다. 최근에는 자신만의 향기를 찾는 사람도 많다. 샴푸와 샤워젤에서 나는 향이 곧 나의 시그니처가 된다.

욕실은 하루를 여닫는 전환의 무대다. 아침에는 세면대 앞에서 하루를 준비하고 저녁에는 일상의 피곤을 씻어낸 뒤 다시 편안한 나로 돌아온다. 이 반복은 심리학에서 말하는 리주얼ritual, 즉 작은 의식이다. 작은 습관이 모여 욕실을 '나를 회복시키는 의례의 공간'으로 만든다. 아무리 힘들고 기분이 가라앉은 날이어도 집에 와서 뜨거운 물로 샤워하면 기분이 한결 달라지는 것과 같은 이치다.
욕실은 집에서 가장 작은 공간이지만 심리적으로는 가장 큰 변화를
만들어 낸다.

서 뜨거운 물로 샤워하면 기분이 한결 달라지는 것과 같은 이치다.

욕실은 집에서 가장 작은 공간이지만 심리적으로는 가장 큰 변화를
만들어 낸다.

신기하게도 집에만 오면 변비가 생긴다. 변기에 앉는 순간 나만의 작은 의식이 시작된 것처럼 시간이 흐른다. 책을 보는 것도 아니고 딱히 깊은 생각을 하는 것도 아닌데 어느새 30분이 훌쩍 지나 있다. 곧이어 바깥에서 아내의 목소리가 들린다. "왜 이렇게 오래 있어?" 나는 이렇게 대답한다. "그냥… 화장실이 편해." 사실 그 속에 진심이 숨어 있다. 집 안에서 오롯이 나 혼자만의 시간을 허락받는 곳은 결국 욕실뿐이기 때문이다. 그곳에서 나는 방어를 풀고 가장 은밀하고 솔직한 얼굴로 돌아간다.

한국에서 욕실은 오랫동안 위생을 관리하는 기능적 공간에

불과했다. 재래식 화장실과 목욕탕이 따로 있던 시절, 욕실은 생활의 중심이 아니었다. 그런데 흥미로운 점은 우리 조상들이 화장실을 단순히 불결한 공간으로만 여기지 않았다는 것이다. 전통 건축에서는 화장실을 '해우소解憂所'라 부르며 근심을 풀어내는 곳으로 인식했다. 배설의 행위를 단순히 더러운 것으로 보지 않고 몸과 마음의 걱정을 함께 덜어내는 행위로 본 것이다. 이 명칭 속에는 화장실이 단순한 위생 공간을 넘어 인간의 삶을 위로하는 공간이라는 문화적 인식이 담겨 있었다. 오늘날 우리가 욕실을 정화와 회복의 공간으로 이야기하는 것과도 맞닿아 있다.

1970~1980년대 아파트 보급과 함께 욕실은 집 안으로 들어왔다. 일본식 분리형 구조를 거쳐 유럽·미국식 건식 욕실과 호텔식 인테리어가 보급되며 욕실은 단순한 씻는 곳을 넘어 작은 스파, 사색의 공간으로 진화했다. 현대 아파트에서 욕실은 가족 수와 주거 규모에 따라 배치된다. 보통 3~4인 가족 기준으로 소형 평수는 욕실 1개, 중형 평수는 2개, 대형 평수는 3개까지 갖추는 게 일반적이다. 욕실이 하나뿐인 집에서는 아침마다 줄 서서 기다리는 풍경이 자연스럽다. 특히 구성원이 많은 집일수록 머리를 말리고 스킨케어를 하는 시간이 길어져 갈등이 잦다. 욕실 밖에서는 지각을 걱정하며 답답한 마음에 문을 두드리고, 안에서는 미안해하며 조금만 기다려달라고 소리친다.

욕실은 크게 습식과 건식 구조로 나뉜다. 습식 욕실은 물청소가 편하고 비용이 적게 들지만 늘 젖어 있어 곰팡이나 미끄럼 위험이 있다. 반면 건식 욕실은 물기와 곰팡이를 줄여 쾌적함을 주지만 샤워 후 물 튀김을 관리해야 하는 번거로움이 따른다. 우리나라 아파트에서 습식이 오랫동안 표준이었던 건 가족이 많아 동시에 쓰는 경우가 잦고 관리가 단순하기 때문이다. 반대로 최근 건식이 선호되는 건 청결과 위생, 미관을 중시하는 주거 문화가 자리 잡았기 때문이다.

욕실 안에서도 취향은 갈린다. 누군가는 빠르고 효율적인 샤워를 위해 파티션이나 부스를 설치한다. 물이 밖으로 튀지 않아 청소가 수월하고 좁은 공간에서도 집중된 샤워가 가능하다. 반대로 누군가는 욕조를 고집한다. 따뜻한 물에 몸을 담그고 한참을 앉아 있는 순간 피로와 긴장이 풀린다. 이 선택은 사실 삶의 태도와 연결된다. 효율을 추구하는 사람에게는 빠른 전환의 장소이고 여유를 중시하는 사람에게 욕실은 시간을 붙잡는 명상의 공간이다.

샤워기에서 떨어지는 물소리에도 의미가 있다. 심리학자들은 이를 백색소음이라 부르며, 긴장을 풀고 억눌린 생각을 흘려보내는 힘이 있다고 말한다. 그리고 많은 사람이 샤워 중에 좋은 아이디어를 떠올린다. '샤워 효과Shower Effect'라는 이름까지 붙었다. 인류는 태초

부터 물 가까이에서 살아왔고, 물소리는 곧 생존의 신호였다. 욕실에서 물에 안도하는 것은 무의식 깊은 곳에 각인된 기억 때문이다.

세계적인 방송인 오프라 윈프리 역시 욕실의 힘을 잘 안다. 그녀는 자신의 몸 형태에 맞게 조각된 대리석 욕조를 가졌다. 오프라는 목욕을 '나를 돌보는 취미'라고 말하며 그곳에서 긴장을 풀고 영감을 얻는다고 했다. 어린 시절 작은 욕조에서 시작된 기억이 지금은 자신만의 맞춤 욕조에서 피로를 씻고 마음을 충전하는 의식으로 이어진 것이다.

나도 욕실에서 생긴 은밀한 기억들이 있다. 취업을 준비하면서 중요한 면접을 앞두던 어느 날, 나는 화장실 변기에 앉아 스스로 다독였다. "괜찮아, 할 수 있어." 거울 속 얼굴을 몇 번이고 들여다보며 긴장을 풀려 했던 순간 욕실은 작은 대기실이자 심리적 피난처가 되었다. 군대 입대를 하루 앞둔 날에는 사귀던 사람과 이별하고 돌아와 욕실에서 조용히 울음을 삼켰다. 소리가 새어 나가지 않도록 수도꼭지를 열어두고 최대한 억눌렀는데도 바깥에서는 소리가 다 들렸다고 한다. 부모님은 내가 군대에 가기 싫어 울있다며 한참 웃으셨다. 얼굴이 화끈거렸던 기억이 지금도 선명하다.

한 아이의 보호자가 된 후에는 또 다른 불안을 경험했다. 내

아들은 혼자서 볼일을 보며 스스로 다 컸다고 자랑하고 싶어 하는데 나는 그가 변기에 올라앉는 걸 확인하고 문을 닫아준다. 하지만 혹시 넘어지지는 않을까 싶어 빼꼼히 문틈으로 들여다보게 된다. 그러면 아이는 귀엽게 소리친다. "아빠, 빨리 문 닫아!" 그리고 잠시 후 "나 다했어!" 하고 자랑스럽게 외친다. 그 순간 나에게는 불안과 기쁨이 교차한다.

욕실은 즐거움을 주기도 한다. 아이와 욕조에 함께 들어가 거품을 가득 쌓고 거품으로 벽에 자동차 그림을 그리며 깔깔대던 순간은 마음에 오래 남는 추억이 되었다. 물장구와 웃음소리가 섞인 그 시간은 어떤 행복보다 값졌다. 나는 요즘에도 욕실에서 회복을 누린다. 퇴근 후 혼자 욕실에 들어가 샤워기 아래에 서 있으면 술자리에서 쌓인 피로와 경쟁 속 긴장, 말하지 못한 무력감이 뜨거운 물줄기와 함께 흘러내린다. 욕실 문을 닫는 순간, 가족도 사회도 잊고 오직 나에게 집중할 수 있다.

그러나 그 순간 아내는 바깥에서 아이를 챙기고 있다. 내가 욕실에서 나만의 시간을 누릴 때 아내는 자신을 잃고 있는 셈이다. 5분이면 씻고 나올 것처럼 말하고 들어가지만 나와 보면 어느새 시간은 30분이 지나 있고 거실에서는 한숨 섞인 목소리가 들린다. 나는 회복과 동시에 미안함을 느낀다. 육아와 집안일에서 도망칠수록 아내의 짐이 더 무거워진다는 것을 배운다. 욕실에서의 그 시간이 나만의 회복으로 끝나지 않고 가족을 향한 배려로 이어질 때 진정한 의미를 갖는다는 것을 조금씩 깨닫고 있다.

욕실은 짧은 순간에 숨을 고르게 하고 막혀 있던 생각을 풀어주는 회복의 스위치다. 찬 공기가 스며 있던 몸이 서서히 데워지는 동안 하루 동안 움켜쥐고 있던 감정도 조금씩 풀린다. 물소리는 생각의 가지를 잘라내듯 머릿속을 단순하게 만든다. 벽면의 타일과 거울, 물줄기와 김이 한 호흡으로 엉켜 흘러가는 동안 우리는 밖에서는 쉽게 꺼내지 못한 얼굴을 되찾는다. 욕실은 겉으로 닳고 해진 하루를 조용히 벗겨내는 공간이자 마음이 다시 단단해지는 순간을 허락하는 은밀한 쉼터다.

욕실은 개인만의 공간이면서 동시에 가족이 공유하는 공간이다. 구성원 형태에 따라 욕실의 얼굴은 전혀 다르게 변한다. 혼자 사는 사람에게 가장 중요한 건 수납이다. 거울장이 하나만 있어도 세면도구가 정리되고 슬라이딩 선반이 있으면 세제와 수건까지 깔끔하게 숨겨둘 수 있다. 바닥이 늘 젖어 있는 습식 구조는 불편하니 작은 욕실일수록 건식으로 꾸며두면 관리가 훨씬 수월하다. 작지만 단정한 욕실은 혼자의 시간을 버티게 하는 든든한 배경이 된다.

다른 사람과 함께 산다면 욕실은 서로를 배려하는 곳이다. 아침마다 한 사람이 욕실을 쓰는 동안 다른 한 사람은 거실에서 차례를 기다리는 일은 은근한 불편을 만든다. 그래서 어떤 부부는 빠르게 순서를 번갈아 쓰면서 민망한 순간을 줄이기 위해 향기 버튼이 달린 변기를 설치했다. 볼일을 본 뒤 민망한 냄새를 중화해 주는 장치 덕분에 서로 더 편안해졌다. 또 어떤 부부는 영화 속 장면처럼 나란히 서서 양치할 수 있는 더블 세면대를 원했다. 함께 거울 앞에 서는 짧은 순간이지만 두 사람의 생활 리듬을 맞추는 중요한 시간이 되기 때문이다.

아이와 함께 사는 집의 욕실은 놀이 공간으로 변한다. 욕조에서 물장구를 지며 거품으로 수염을 만늘고 벽에 거품으로 그림을 그린다. 욕조가 없는 집에서는 샤워 공간에 벤치를 제작해 부모가 앉아서 아이를 씻길 수 있도록 하거나 아이와 눈높이를 맞추고 함께 씻을 수 있는 공간으로 바꾸기도 한다. 실제로 만났던 한 가족은 욕실 두 개를 하나로 합쳐 대형 욕조를 만들었다. 운동선수였던 부모와 아이가 매일 수영복을 입고 들어가 반신욕을 하며 하루를 마무리하는 것이 그들만의 의식이었다.

네 명 이상이 사는 집에서 욕실은 협상의 장이다. 아침마다 누가 먼저 들어갈까를 두고 신경전이 벌어진다. 출근 시간은 다가오고 아이는 지각할까 전전긍긍한다. 한 가족은 방 일부를 줄여 욕실을 하나 더 만들었고 또 다른 집은 세면대를 밖으로 빼내어 욕실은 그대로 두되 세안과 양치를 따로 할 수 있도록 했다. 덕분에 아침마다 서두르는 소리가 줄고 하루의 시작이 한결 여유로워졌다. 작은 구조 변화 하나가 가족의 일상 리듬을 바꾸어 놓은 것이다.

결국 욕실은 우리가 배려를 연습하는 공간이다. 혼자일 때는 나를 천천히 돌보는 방이 되고 함께 살 때는 서로의 시간을 나누고 감정을 존중하는 장치가 된다. 역설적으로 가장 더러운 오물이 모이는 곳이지만 동시에 가장 청결하고 안전하게 관리되는 혁신의 공간이기도 하다. 욕실은 우리의 삶이 어디까지 바뀌었는지, 우리가 서로를 얼마나 배려하며 살아가고 있는지를 조용하게 보여주는 공간이다. 작은 욕실 하나에도 오늘의 마음과 내일의 태도가 깃들어 있다.

서재

또 다른

세계로

몰입을 배우다

10년 전, 사업을 하기로 결심했다. 이유는 단순했다. 남이 정해준 시간이 아닌 내 시간을 쓰며 내 의지로 살아가고 싶었기 때문이다. 사업가들의 삶에는 뭔가 특별한 무게가 있었다. 늘 갈망하고 늘 도전하라는 스티븐 잡스의 말은 이미 전 세계의 청춘을 흔들었다. 그러나 내가 가장 깊게 공감한 창업자의 조언은 이병철 회장의 고백이다. 말하는 법을 배우는 데는 2년이 걸렸지만 말하지 않는 법을 익히는 데는 60년이 걸렸다는 것이다.

나는 이것이 가정에도 꼭 필요한 지혜라고 생각한다. 가족에게도 할 말과 하지 말아야 하는 말이 있다. 침묵과 사색이야말로 관계를 세우는 힘이 된다. 사실 침묵은 어마어마한 능력이다. 상대를 존중하기 위해 스스로 멈출 줄 아는 힘이며 말보다 배려를 앞세우는 습관이 체화되어야 가능한 것이다. 우리는 생각에 따라 행동하고 행동에 따라 관계가 달라진다. 지금의 나를 만든 건 하루아침의 결심이 아니라 성실하게 쌓은 시간이다. 내 몸은 지난 몇 년의 음식이 남긴 기록이며 내 말과 행동은 내가 읽은 책과 경험이 빚어낸 결과다. 결국 침묵과 사색은 단순한 정지가 아니라 삶의 방향을 결정하는 보이지 않는 축이다.

우리는 집 안에 몰입과 사색을 위한 공간을 만들어야 한다. 그 공간이 바로 서재다. 코로나19 팬데믹은 이 사실을 더욱 선명하게 드러냈다. 거실은 회의실로, 주방 식탁은 아이들의 교실로 바뀌었다. 처음엔 임시로 노트북을 사용했는데 재택근무가 일상이 되면서 많은 사람들이 깨달았다. 집에도 '일의 공간', 즉 몰입을 보장하는 자리가 필요하다는 것을 말이다. 그때 다시 주목받은 공간이 바로 서재다. 그러나 한편으로는 이런 의문도 생긴다. '집은 원래 휴식과 재충전의 장소가 아닌가?' 누군가는 집에서조차 일과 공부에 매여 있고 싶지 않을 수 있다. 그래서 서재가 집 안에 없어도 괜찮다고 생각할 수 있다. 사실 그 선택도 존중받아야 한다.

하지만 내가 서재의 필요성을 강조하는 이유는 단순히 업무 때문만은 아니다. 부모의 몰입은 아이에게 가장 큰 교과서이기 때문이다. 아이들은 부모의 집중하는 뒷모습을 보며 '몰입이란 이런 거구나'를 배운다. 책에 고개를 숙인 부모, 무언가를 써 내려가는 부모의 모습은 말없이 아이들에게 전해진다. 몰입의 태도는 가르치는 게 아니라 보여주는 것이다. 실제로 심리학자 앨버트 반두라의 사회학습이론은 아이들이 타인의 행동을 관찰하고 모방함으로써 가장 많은 것을 배운다고 설명한다. 영국 북트러스트BookTrust의 조사에서도 부모가 독서를 즐기면 아이가 책을 좋아할 확률이 40퍼센트 더 높다는 결과가 나왔다. 또 다른 연구에서는 부모가 책을 읽고 기록하는 모습을 자주 보여줄수록 아이의 어휘력과 읽기 이해력이 크게 향상된다고 밝혀졌다. 결국 부모의 몰입은 성적표에 드러나는 지식 그 자체보다 어떻게 배워야 하는가를 몸으로 전수하는 역할을 하는 것이다.

그래서 나는 일요일마다 아들과 도서관에 간다. 서울에 살 때는 주말에 문을 여는 도서관이 적어 아쉬웠지만 경기도로 이사 온 뒤에는 도서관이 생활 속 풍경이 되었다. 아이와 함께 도서관에 다니면서 지인스럽게 독서 습관을 길러주고 책을 가까이 두는 분위기를 만들 수 있었다. 집에 돌아와서도 마찬가지다. 아들이 태블릿으로 좋아하는 프로그램을 보다가도 엄마 아빠가 책을 읽고 있으면 어느새 우리 옆으로 다가와 "나도 책 읽어줘"라고 말하며 스스로 영상을

FURNITURE IN LIFE
Urbniия

끈다. 그 순간이 올 때마다 마음 깊이 뿌듯함이 밀려온다.

성인이 된 후로는 늘 읽던 분야의 책만 읽었는데, 아들과 도서관에 다닌 덕분에 다양한 분야의 책을 읽게 되었다. 아이들이 읽는 그림책에는 새로운 관심사로 쉽게 들어갈 수 있는 문이 숨어 있다. 그림과 함께 간결한 글을 함께 읽고 나면 미처 알지 못했던 사실들을 접하고는 관련 서적을 찾아 탐독하게 된다. 세계 유명 박물관의 역사, 고대와 현대를 잇는 건축 이야기, 별에 관심 많은 아들의 천문학 동화책을 읽으며 배우게 된 우주의 신비까지. 이렇게 우리는 서로의 시선을 따라가며, 서로에게 거울이자 길잡이가 되고 있다.

사실 나는 원래 독서를 즐기는 사람이 아니었다. 책에서 얻는 지식보다는 몸으로 부딪쳐 배우는 경험이 더 소중하다고 믿었다. 그런 내가 처음 책을 가까이하게 된 것은 아내 덕분이었다. 아내는 연애 시절에도 늘 카페에 책을 챙겨왔다. 읽지 않는 날에도 아내의 가방 속에는 늘 책이 자리를 차지하고 있었다. 책을 가지고 있다는 것 자체가 이미 그녀의 습관이자 생활 방식이었다. 나는 그 모습을 옆에서 지켜보며 자연스럽게 배웠다.

아내에게 깊게 배어 있던 독서 습관의 뿌리가 어디였는지는 결혼 전 장인, 장모님 댁을 찾았을 때 알게 되었다. 30평대 아파트

였는데 그 집에 존재하는 거의 모든 벽에는 책이 두 겹, 세 겹으로 쌓여 있었다. 더 이상 책을 둘 곳이 없다며 장모님은 답답한 듯이 하소연하셨는데 장인어른은 허허 웃으며 또 책만 들여다보셨다. 그때 아내는 아무렇지 않은 듯 책장을 뒤적여 책을 골라 들고는 장인어른 옆에 앉아 조용히 책을 읽기 시작했다. 그 모습이 나에게는 참 인상적이었다. 아내와의 대화 속에서 종종 느껴졌던 품격과 깊이가 어디서 비롯되었는지 그 순간 조금 알 것 같았다. 책이 가구처럼 일상에 녹아 있는 집, 몰입이 자연스러운 호흡이 되는 환경에서 자라 왔다는 것이 느껴졌다.

몰입은 말로 가르칠 수 있는 게 아니다. 보여주고, 물려주고, 함께 살아내야만 전해진다. 그래서 나는 이제 아들과 도서관에 가는 일을 단순한 주말 일정으로 생각하지 않는다. 그것은 한 세대에서 다음 세대로 이어지는 몰입의 전통을 잇는 일이다. 서재는 결국 가족이 함께 몰입을 나누는 공간이라는 사실을 나는 점점 더 확신하게 된다. 어떤 집은 거실 한쪽을 서재로 만들고 또 어떤 집은 아이 방에 부모의 책이 함께 꽂혀 있는 곳도 있다. 각 가정이 가진 형태와 구조는 다르지만, 몰입을 위한 마음의 태도는 결국 동일한 방향을 향한다. 중요한 건 공간의 이름이 아니라 그 공간이 만들어내는 몰입의 경험이다.

철학자 쇼펜하우어는 인간이 예술과 사색에 몰입하는 순간 삶의 고통에서 잠시 벗어나 자유를 경험한다고 말했다. 몰입은 현실의 번뇌를 잠시 멈추게 하고 새로운 시야를 열어준다. 그런 몰입은 우연히 찾아오는 것이 아니다. 방해 요소가 차단되어 고독이 보장된 환경 속에서만 가능하다. 조용히 앉아 사유할 수 있는 자리와 눈에 거슬리지 않는 빛, 손 닿는 곳에 놓인 한 권의 책이 필요하다. 서재는 해방과 깊은 몰입을 가능하게 해주는 사색의 방이다.

그러나 삶에서 필요한 몰입은 공부나 일만이 아니다. 오히려 아무 쓸모 없어 보이는 것에 빠져 있을 때 우리는 더 깊이 회복된다.

한밤중 프라모델을 조립하는 시간, 게임 한 판에 빠지는 시간, 기타를 치다 새벽이 오는 시간, 그림 한 장을 그리느라 밥 먹는 걸 잊을 때… 이 시간은 남들에게 설명할 성과가 없다. 평가도 없고, 비교도 없고, 누가 칭찬해 주는 것도 아니다. 그러나 그 '쓸모없음' 속에서 마음이 다시 살아난다. 취미에 빠져 있는 동안만큼은 세상이 요구하는 역할에서 벗어나 오롯한 나로 존재할 수 있기 때문이다.

그래서 집에는 서재만큼이나 취미 방이 필요하다. 서재가 고요 속의 몰입이라면 취미방은 에너지 속의 몰입이다. 소리와 색채 속에서 집중이 태어나는 곳이며 나만의 세계가 가장 자연스럽게 살아나는 장소다. 혼자 사는 사람에게 취미방은 일상의 단단한 버팀목이 된다. 원룸 구석의 작은 책상 위에 놓인 붓과 팔레트, 미니어처 부품, 조립용 램프 하나만 있어도 된다. 여기 앉으면 시간이 가는 줄도 모르겠다는 말이 자연스럽게 나오는 자리. 그곳이 하루의 정신을 붙잡아주는 작은 닻이 된다.

부부에게 취미방은 서로의 세계를 인정하는 공간이다. 각자 헤드폰을 끼고 기타를 치거나 스케치하거나 게임을 즐긴다. 함께 있지만 방해하지 않고 가까이 있지만 구속하지 않는 거리. 몰입이 끝난 뒤 "오늘 뭐 만들었어?" 하고 나누는 대화는 관계를 더 풍성하게 만든다. 아이와 함께 사는 집은 취미 방이 놀이방이 되기도 하고 부

모의 작은 취미가 숨어 있는 비밀 공간이 되기도 한다. 장난감과 블록으로 가득한 방이 밤에는 부모의 소소한 행복을 주는 공간이 된다. 누가 쓰느냐보다 어떤 마음으로 쓰는지가 더 중요하다.

취미방은 버티는 힘을 만드는 곳이다. 우리가 아무 쓸모 없어 보이는 것에 빠져 있는 동안 사실은 내일을 버틸 힘이 충전된다. 집 안 한쪽에 그런 방이 있다는 것은 내가 나를 잃지 않고 살아가기 위한 숨 쉴 구멍이 있다는 뜻이다. 그럴 때 우리는 더 단단하게, 더 다정하게, 더 오래 내 삶을 사랑할 수 있다.

성과를 위한 공간이 아니라 삶을 견디는 힘을 만들어내는 공장이라고도 할 수 있다. 좋은 서재가 답이 아닌 질문을 주듯 취미로 가득 찬 방은 결과가 아닌 과정을 준다. 나는 무엇에 몰입하고 싶은지 생각해 보자. 내일의 나는 어떤 모습이면 좋을지도 함께 떠올려 보자. 그곳에서 우리는 완성된 모습이 아닌 끝없이 자라난다. 집 안에 서재가 있든 취미방이 있든, 혹은 집 안의 다른 공간이 역할을 대신하든 상관없다. 하지만 우리 모두에게 몰입의 자리가 꼭 필요하다는 사실은 분명하다. 그 자리가 오늘의 나를 다듬고 다음을 준비하게 한다.

준비한 여백

　　우리나라 아파트 구조에서 서재는 종종 예비 방의 다른 이름이다. 20평, 30평대 집에서는 언제든 역할이 바뀔 수 있는 잠정적 공간이 된다. 아이가 없을 때는 서재라고 부르던 곳도 아이가 생기면 침대와 책상이 들어서면서 방의 이름이 자연스럽게 바뀐다. 시간이 흐르면 수면실과 공부방으로 또 부모와 아이가 함께 놀 수 있는 복합 공간으로 변하기도 한다. 결국 서재는 다른 방들과 보이지 않는 경쟁을 하게 되는 것이나. 거실은 가족 모두의 공간이고 안방은 주인의 방이라는 역할이 분명하다. 그러나 서재는 드레스룸, 아이 방, 손님 방 사이에서 늘 그 역할을 다툰다. 결국 누군가는 방을 양보해야 한다.

하지만 나는 바로 그 이유로 인해 서재를 지키는 편이 좋다고 생각한다. 드레스룸과 서재가 충돌한다면 나는 안방을 두 공간으로 나눠 각각 안방과 드레스룸으로 쓰고 서재를 지켜내라고 권한다. 서재는 한 번 잃으면 다시 회복하기 어렵기 때문이다. 손님 방과 서재중 고민한다면, 역시 서재를 택하는 게 좋다. 손님 방은 손님이 올 때만 쓰이지만 서재는 매일 우리 가족의 몰입을 책임지는 공간이다. 손님을 위한 배려는 작은 접이식 침대나 접이식 침낭으로도 충분히 가능하다. 손님에게 방을 양보하는 건 일시적이지만 서재를 없애는 건 우리의 몰입 습관을 포기하는 일이 된다. 결국 서재를 지키는 것은 가족의 몰입 문화를 지키는 일이다.

서재 인테리어를 무겁게 꾸밀 필요는 없다. 오히려 서재의 본질은 여백과 유연성에 있다. 책장과 벽 붙박이 정도만 두고 나머지는 최소화하는 것이 좋다. 그래야 미래에 아이 방으로, 공부방으로, 다시 서재로 자연스럽게 전환할 수 있다. 여기에 몇 가지 인테리어 팁을 더할 수 있다. 첫째는 콘센트 위치다. 벽면에 인테리어 시점부터 충분히 콘센트를 마련해 두면 추후 계획이 바뀌더라도 유연하게 전기를 활용할 수 있다. 둘째는 가구와 조명 선택이다. 화려한 인테리어를 선택하기보다 기본을 유지하되 플로어 램프나 자신에게 편한 가구 같은 디자인 제품을 경험하는 것도 좋다. 작은 아이템이 서재의 몰입감을 크게 바꾼다.

한 신혼부부는 책장과 책상만 둔 단출한 서재를 가지고 있었다. 아침에는 커피 한 잔을 들고 들어가 책을 읽고 밤에는 노트북을 켜고 일을 이어가던 공간이었다. 그러나 아이가 태어나고 그 방은 순식간에 작은 침대와 장난감으로 채워졌다. 하지만 여백 덕분에 무리 없이 아이 방으로 변했고 시간이 흐르자 공부방이 되었다. 언젠가 아이가 독립하면 또다시 부모의 서재로 돌아올지도 모른다. 서재는 이렇게 순환하는 방이다. 부모의 몰입 공간이 아이의 성장 공간으로 다시 부모의 사색 공간으로 되돌아온다.

미래를 위한 여백이란 결국 이런 방 하나를 집 안 어딘가에 남겨두는 일이다. 누군가의 성장을 담아낼 그릇이 되고 관계의 온도를 조절하는 장치가 되고 나의 세계를 깊고 풍성하게 만드는 통로가 된다. 서재는 내일의 나를 설계하는 트랙이다. 그리고 그 여백을 지켜낼 때 우리는 어제보다 조금 더 나다운 삶으로 향하게 된다.

2장

철학이 스며든

ONAL
LITTLE BOOK OF
LAIA FARRAN GRAVES
Minimalista
CEREAL 18
A HONG KONG MEMOIR
ISSUE 35
KINFOLK

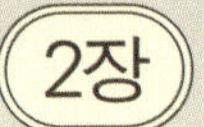

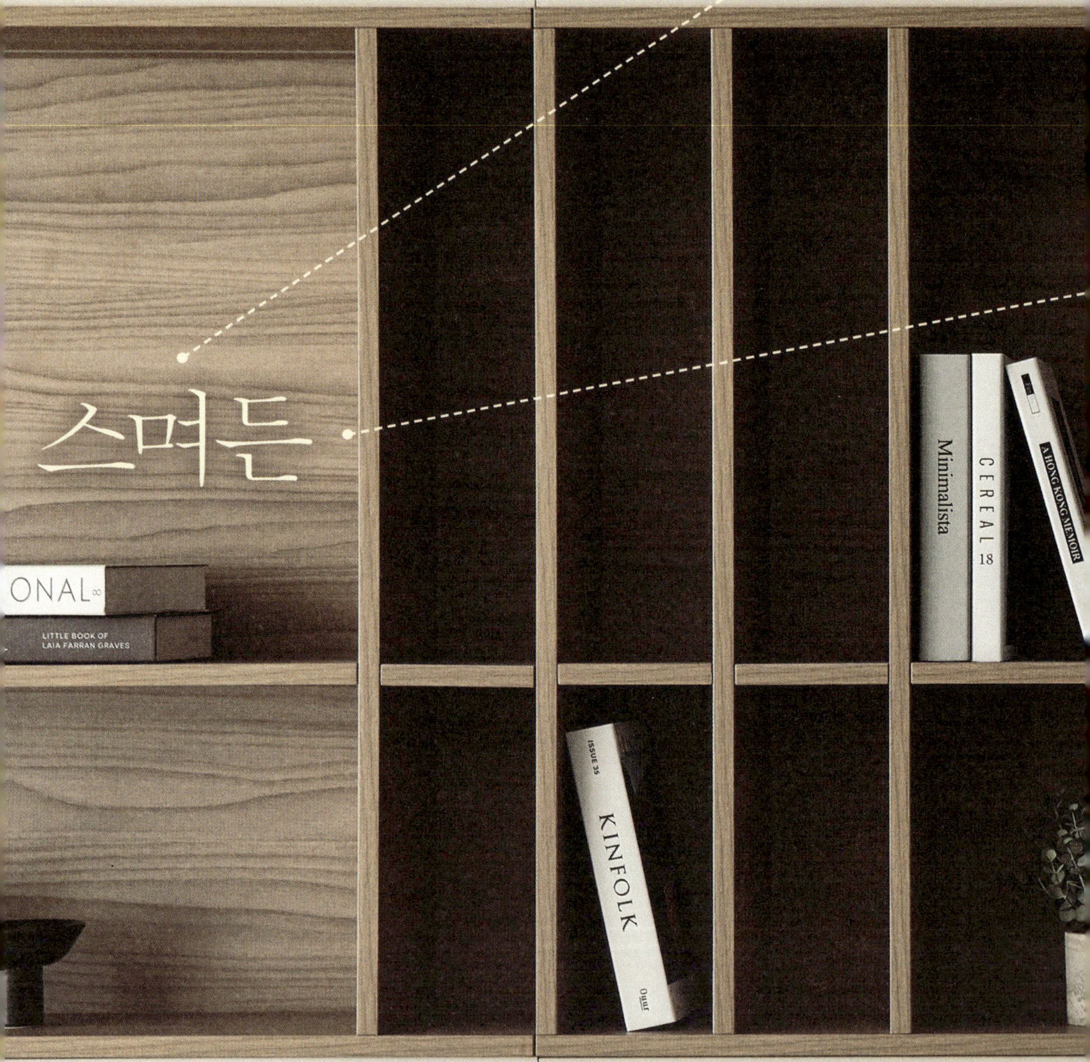

취향의
얼굴

불과 20여 년 전만 해도 미국에는 한국이 지도 위 어디쯤에 있는 나라인지 모르는 사람들이 많았다. 그들에게 한국은 낯설고 희미한 이름이었다. 그러나 지금은 그 위상이 다르다. K-POP의 무대, 드라마와 영화, 음식과 브랜드까지, 전 세계가 한국을 하나의 스타일과 정체성을 가진 나라로 인식한다. 이 변화는 보이지 않는 곳에서 오랜 시간 최선을 다해 온 수많은 사람들의 노력이 겹치고 쌓인 결과다. 한 나라의 인상이 바뀌기까지는 많은 시간과 의식적인 선택이 필요하다는 뜻이다.

생각해 보면 우리는 이런 식의 얼굴을 여럿 가지고 산다. 대한민국 국민이라는 정체성, 특정 회사의 직원이자 대표로서 가진 모습, 그리고 집이라는 울타리 안의 나. 국가는 오천만 명의 인구가 모여 만든 하나의 큰 인격체이고 회사는 여러 구성원이 모여 만들어진 또 하나의 공동체다. 그리고 집 역시 그 안에 사는 사람들의 삶을 품어내는 가장 작은 단위다. 이 셋은 모두 우리를 둘러싼 보호막이자 동시에 우리를 설명하는 이름표와도 같다.

국가는 나를 한 사회의 구성원으로 인식한다. 회사는 나의 소속이 되어 역할과 책임을 부여한다. 집은 내가 가장 나답게 숨 쉴 수 있도록 나를 품는다. 우리는 국가의 인지도가 높아지기까지 얼마나 큰 노력이 필요한지 잘 알고 있다. 회사의 문화가 건강해지기 위해 얼마나 많은 시간이 드는지도 경험했다. 그렇다면 집은 어떨까, 그와 마찬가지로 집이라는 공간도 저절로 나다워지지는 않는다.

집은 그 안에서 살아가는 사람들의 태도, 취향, 말투, 생활 리듬이 한데 모이는 곳이다. 어떤 집은 규칙적이고 단정하며 어떤 집은 느슨하고 자유롭다. 어떤 집은 사소한 물건 하나에도 가족의 성향이 배어 있고 어떤 집은 동선 속에 구성원 간의 관계가 자연스럽게 기록된다. 결국 집이 변하려면 그 안에 사는 사람의 태도와 선택이 달라져야 한다.

혼자 사는 집이라면 그 집은 곧 나의 거울이다. 누가 대신 꾸

머주지 않아도 공간은 자연스럽게 나를 닮아간다. 내가 좋아하는 색을 따라가고 내가 편안해하는 방식으로 정리되며 내가 쌓아온 생활의 리듬이 그대로 배어 있다. 혼자 사는 집은 타인의 시선이 개입되지 않기 때문에 순수한 자아가 드러나는 공간이라고 할 수도 있다. '이 집이 곧 나'라는 말이 가장 자연스럽게 성립하는 순간이다.

둘이 사는 공간이라면 두 사람의 인격이 하나의 집 안에서 조화를 이루는 과정을 보게 된다. 취향이 섞이고 서로의 선호가 충돌하며 때로는 조율되고 때로는 나란히 존재한다. 집의 구조와 배치는 결국 두 사람이 서로를 어떻게 존중하고 이해하는지를 보여준다. 둘이 사는 집은 두 사람이 함께 만들어가는 곳이며 그 관계의 온도를 드러낸다.

셋 이상의 가족 구성원이 있는 집은 더 복잡하면서도 풍부하다. 구성원의 수만큼 감정이 흐르고 역할만큼 동선이 이어진다. 집은 그들의 마음을 담는 그릇이자 서로를 지탱하는 조용한 틀이 된다. 작은 변화 하나가 관계의 균형을 바꿀 수 있고 한 번의 배려가 하루의 공기를 바꾸기도 한다. 집은 결국 가족이 어떤 방식으로 함께 살아가고 있는지를 가장 정직하게 드러낸다.

결국 정말 중요한 것은 내가 어떤 사람인지, 우리의 관계가 어떤 모양인지, 그리고 그 삶을 어떤 방식으로 집이라는 틀 속에 녹여낼 것인지 아는 것이다. 집을 이해하는 일은 곧 나를 이해하는 일이며 우리를 이해하는 일이다. 집은 내 삶을 닮아가고 나는 집을 통해 삶을 완성해 간다. 지금부터는 집이라는 전체를 하나의 인격체로 바라보며 어떻게 나답게, 어떻게 우리답게 활용할 수 있을지를 함께 생각해 보려고 한다.

이름, 집의 두 번째 설계도

우리는 누구나 여러 개의 이름을 품고 살아간다. 해외에 나가면 나는 한국인이고 회사에서는 대표로 불린다. 집에 돌아오면 아버지이자 남편, 혹은 아내가 장난삼아 부르는 어떤 애칭이 되기도 한다. 호칭은 상황을 이름은 존재를 드러낸다. 같은 사람이라도 부르는 이름에 따라 태도가 달라지고 마음의 위치가 달라진다. 그래서일까. 나는 늘 이름에 민감한 사람이었다. 누군가가 나를 어떻게 부르는지에 따라 내 인의 어떤 얼굴이 호출되는지를 오래 지켜보며 이름이란 단순한 호명이 아니라 존재를 설계하는 언어라는 사실을 실감해 왔다. 부부싸움의 뜨거운 순간, 아내가 "오륜록!" 하고 실명을 부르는 것은 아이의 아빠나 남편이라는 역할이 아니라 그저 한 사람으로서 나를 불러 세우는 일이다. 이름은 그렇게 맨살의 나를 드러내는 소리다.

그 감각을 가장 강하게 확인한 순간은 아들의 이름을 지을 때였다. 나는 아이의 이름을 '오늘'이라고 지었다. 어제의 후회도, 내일의 기대도 아닌, 오직 지금이라는 시간 위에서 살고 싶다는 내 삶의 태도가 그 한 글자 안에 담겼다. 그때 나는 선명히 깨달았다. 이름은 태도의 선언이고 삶을 바라보는 관점의 설계도라는 사실을 말이다. 그렇다면 우리가 매일 오가며 살아가는 집의 공간들은 어떨까. 왜 거실은 늘 거실이고, 서재는 늘 서재여야 할까? 정체성과 역할이 필요하다면 집도 마찬가지다. 오히려 집은 우리의 하루와 성격, 습관을 가장 가까이서 견디고 품어내는 존재다. 그렇다면 그 공간들에도 새로운 이름과 더 적확한 호칭이 필요하지 않을까. 그리고 그 이름은 꼭 하나일 필요도 없다. 상황과 감정에 따라 나의 이름이 달라지는 것처럼 공간 역시 여러 얼굴을 가질 수 있다.

두 아이와 함께 사는 가족은 집에 '호호하우스'라는 이름을 붙였다. 아이들과 함께 웃을 때 밥을 먹고 나서 호호 불며 음식을 식힐 때, 심지어 다투고 화해할 때조차 "호호"라는 소리가 났다. "우리가 집에서 가장 많이 내는 소리가 웃음소리더라고요. 그래서 이 집은 우리 가족의 웃음소리를 닮아야겠다 싶었죠." 이름 덕분에 집은 단순한 주거 공간이 아니라 웃음을 다시 불러내는 따뜻한 장소가 되었다. 아이가 떼를 쓰거나 형제끼리 다투면 전에는 부모의 목소리부터 커졌다. 그런데 요즘은 다투던 아이들도 스스로 말한다. "잠깐, 여기 호호하우스잖아. 호호해야 해!" 그러면 울먹이던 얼굴도 금방 풀려버린다. 부모가 훈육하려고 만든 규칙이 아닌 집의 이름이 가족의 감정 온도를 자동으로 낮추는 장치가 된 것이다. 아이들이 장난을 치다 넘어져도 "호호 불어줄게."라는 말이 자연스럽게 이어지는 가족의 서사가 녹아든 집이 된 것이다.

한 고객은 집에 '희희재喜喜齋'라는 이름을 붙였다. 언제나 자신을 따뜻하게 맞아주는 집이라는 뜻을 담아서다. 퇴근 후 현관문을 열면 가장 먼저 달려 나오는 것은 반려묘였다. 꼬리를 높이 치켜들고 발소리에 반겨주는 그 모습은 하루의 피로를 단숨에 풀어주는 마법 같았다. "고양이가 먼저 와서 몸을 비비면 그 순간 세상에서 가장 환영받는 기분이 들어요. 집에 돌아온 게 아니라 '환대의 공간'에 들어온 느낌이랄까요." 주방에서 물을 따르면 졸졸 따라오고 거실 소파에 앉으면 옆자리에 살포시 올라와 웅크리는 작은 고양이와의 교감은 집을 더욱 생기 있도록 만들었다.

또 다른 고객은 영화감독이자 작가였다. 그는 집에 'Drama Maison드라마 메종'이라는 이름을 붙였다. 프랑스어로 '드라마의 집'

그에게 집은 단순히 거주하는 장소가 아니라 이야기를 길어 올리는 작업실이자 영감의 자리였다. 창가에 앉아 대본을 쓰거나 벽에 영화를 투사해 놓고 장면을 검토할 때 그는 집을 자신의 작품과 삶이 교차하는 드라마의 배경으로 여겼다. "내가 만든 드라마는 결국 이 집에서 시작돼요. 매일의 작은 대화, 웃음, 다툼까지도 다 내 영화의 한 장면 같아요." Drama Maison이라는 이름은 그 집을 단순히 사적인 공간이 아니라 창작의 무대이자 인생의 극장으로 변모시켰다.

이름 붙이기는 결코 새로운 일이 아니다. 퇴계 이황 선생은 안동 도산서당에 '완락재玩樂齋'와 '암서헌巖栖軒'이라는 이름을 붙였다. '즐기며 살기'라는 뜻을 담아 학문과 생활을 연결한 공간이었다. 단순한 거처가 아니라 삶의 태도를 담은 선언이었다. 서양에서도 마찬가지다. 엘비스 프레슬리의 저택은 'Graceland은혜의 땅'라는 이름을 얻으며 단순한 개인의 저택을 넘어 신화적 장소가 되었다. 팬들에게는 성지처럼 여겨지며 이름이 곧 공간의 상징성을 강화한 대표적 사례다.

유홍준 작가 또한 충남 부여에 지은 집에 '휴휴당休休堂'이라는 이름을 붙였다. '쉼과 또 쉼'이라는 뜻처럼, 자연과 벗하며 여유롭게 살아가겠다는 마음을 담은 것이다. 그는 집을 단순한 주거 공간이 아니라 삶의 태도를 기록하는 무대로 바라보았다. 휴휴당이라는 이름 덕분에 그 집은 단순한 건물이 아니라 '쉼'이라는 가치를 상징하는 공간으로 자리 잡았다.

이름은 공간을 규정하는 동시에 태도를 바꾼다. 주방을 밥하는 곳이 아니라 레스토랑이라고 부르면 요리는 노동에서 즐거운 놀이로 바뀐다. 발코니를 베란다가 아니라 작은 정원이라고 부르면 화분에 물을 줄 때마다 마음이 함께 자라난다. 침실을 방이 아니라 아지트라고 부르면 그곳은 나 자신을 회복하는 중요한 공간이 된다. 집에 어떤 이름을 붙이느냐에 따라 삶의 방식이 달라진다. 이름 붙이기는 공간을 특별하게 만드는 가장 단순하지만 가장 강력한 방법이다. 그 이름이 곧 나의 태도가 되고 나의 태도가 결국 우리 집의 표정이 된다.

나는 가끔 엉뚱한 상상을 한다. 만약 모든 집에 이름을 붙여야 한다는 법이 생긴다면 어떨까? 과거 대문 앞에 문패를 달던 것처럼 이제는 각 집이 자기만의 정체성을 스스로 명명해야 하는 것이다. 누군가는 집을 '하하헌呵呵軒'이라 부르며 웃음을 약속하고, 또 다른 이는 '만사형통재萬事亨通齋'라 붙여 소망을 새긴다. 어떤 집은 단순히 '우리'라는 두 글자만으로도 충분할 것이다.

소품, 사소한 것들의 위로

집을 완성하는 건 큰 가구나 구조가 아니다. 공간의 마지막 표정을 결정짓는 건 작은 소품이다. 찻잔, 액자, 조명, 심지어 책상 위에 놓인 펜까지도 그 뒤에는 집주인의 마음이 고스란히 담긴 선택이 있다. 작은 사치는 애정이 없으면 하기 쉽지 않다. 단순히 있어 보이려고 하는 소비는 금세 들통이 난다. 누군가는 향초 하나를 고르기 위해 계절마다 매장을 찾아다니고 또 다른 이는 작은 오디오 스피커 하나를 위해 몇 달을 기다린다. 그런 애정이 쌓여야 집은 주인을 닮을 수 있다.

나는 소품 이야기를 할 때 늘 우리 집 거실을 떠올린다. 벽 전체를 가득 채운 책장이 금세 떠오른다. 실제로도 책을 좋아하지만 동시에 이 시대의 지성인으로 보이고 싶은 허영심도 있다. 나름의 욕심과 애정이 섞여 책장은 나의 마음을 드러낸다. 특히 두껍고 탄탄한 양장본은 손에 들면 묵직하고 표지만 봐도 지식을 전해줄 것 같은 느낌이 든다. 하지만 내가 진짜 즐겨 읽는 건 하루에 한두 페이지만 넘겨도 충분한 책들이다. 그래서 나는 늘 책장 한가운데 눈에 가장 잘 띄는 곳에 그런 책들을 전시해 둔다. 오늘 읽고 싶은 책이 눈에 잘 띄도록 배치하는 습관은 나의 하루를 여닫는 힘이 된다.

아들 방에는 또 다른 이야기가 있다. 우리는 벽 전체를 함석판으로 마감해 자석 벽을 만들었다. 어린이집에서 가져온 그림, 종이접기, 좋아하는 캐릭터 자석까지 빼곡히 붙여 두었다. 아이의 관심사가 바뀔 때마다 벽도 함께 변한다. 그 벽은 아이의 성장기를 기록하는 앨범이자 우리 가족이 함께 꾸며가는 다정한 공간이다. 사람마다 마음이 머무는 지점은 다르다. 어떤 이는 장난감에, 어떤 이는 요리에, 또 어떤 이는 술이나 예술에 깊은 애정을 쏟는다. 그리고 그 애정은 곧 삶의 방향을 드러낸다.

영화평론가 이동진은 자신의 작업실이자 서재를 '파이아키아'라 불리는 작은 박물관으로 만들었다. 책 2만 권, 음반과 레코드판, 촬영 현장 사진과 서명 티켓을 모은 그는 취향과 기억이 만나는 지점을 기록하는 지도를 만들고 있다. 예를 들어, 어떤 감독의 사인이 담긴 영화 소품은 그 소품이 등장하던 장면의 감정은 물론, 감독과 나누었던 인터뷰의 문장들까지 함께 떠올리게 한다. 사인을 받는 행위 역시 단순한 팬심을 넘어 그 영화와 맺은 관계를 한 조각의 형태로 남기는 일이다.

유홍준 작가도 마찬가지다. 그는 답사를 다닐 때마다 낙서할 수 있는 부채를 들고 다닌다. 걷다가 떠오른 문장, 한 권의 책이 될 서문의 기운, 장별 구성의 뼈대를 그 부채 위에 바로 기록한다. 돌담의 결을 스친 순간의 감정, 오래된 기와집 처마가 만들어내는 그림자의 깊이, 산바람에 실려 온 고요함 같은 것들이 부채의 종이 위에 자연스럽게 스며든다. 그리고 답사가 끝나면 그 부채는 한 권의 책을 향해 나아가는 첫 번째 설계도가 된다. 완성된 책 한 권 뒤에는 그렇게 여행길에서 손에 쥐고 다닌 부채 하나가 조용히 남는다. 작은 물건이 글쓰기의 구조가 되고, 부채가 곧 생각을 펼쳐 보이는 그의 임시 원고지가 되는 셈이다.

앤디 워홀은 1974년부터 자신의 일상을 기록하고 보존하기 위해 6백개가 넘는 타임캡슐을 만들었다. 그의 상자 하나를 열어보면 1970년대 초 헤드라인 신문과 친구에게서 온 크리스마스카드, 콜라 로고가 새겨진 티셔츠 조각, 잡지 속 모델의 사진 부스 스트립,

쿠키 통이 마구 뒤섞여 있다. 사소해 보이는 물건들이지만 그 안에는 그 시절의 소음과 유행, 친구 관계와 소비문화, 작은 좌절과 기쁨이 기록되어 있다. 워홀은 이 상자들을 '평범함의 보물 상자'라고 불렀다. 만약 그런 상자들이 우리 집 거실 벽면을 가득 채우고 있다면 뚜껑을 열 때마다 그때의 나와 마주하며 몇 년도 어느 날의 추억을 생생히 떠올릴 수 있지 않을까?

무라카미 하루키의 레코드판 컬렉션은 단순히 좋아하는 음악을 넘어선다. 그는 재즈, 클래식, 팝, 포크음악 등 다양한 장르의 레코드판을 모았고 이 앨범 하나하나가 그의 글 속에 흐르는 고유한 분위기와 리듬을 만드는 데 깊은 영향을 미친다. 학교 강의 때 틀었던 레코드판, 처음 들었을 때의 바람 소리, 마주친 도시의 밤공기도 소설의 배경 음악이 될 수 있다. 하루키는 어느 인터뷰에서 이 레코드들이 언젠가 누군가에게 이게 내 삶이었다고 말해 줄 수 있기를 바란다고도 했다.

피규어를 모으는 이는 어린 시절의 열정을 놓지 않고, 그릇을 모으는 이는 환대의 방식을 고민하며, 와인을 모으는 이는 시간 속에 흐르는 향을 음미하고, 고가구와 미술품은 집을 작은 박물관이나 미술관으로 바꾼다. 여행지에서 자석이나 컵을 모으는 습관도 마찬가지다. 그것은 단순한 기념품이 아니라 그때의 나를 불러내는 열쇠가 된다. 소품은 사소하지 않다. 그것은 어디에 마음을 두고 무엇을 통해 위로받으며 어떤 방식으로 삶을 표현하고 싶은지를 보여주는 증거다. 이런 작은 사치와 애정이 모여 집은 나를 회복시키는 장치가 된다.

집은 누구에게나 피로를 풀고 마음을 고요히 가라앉히는 공간이어야 한다. 그 속에 나만의 작은 취향을 담은 코너 하나쯤은 필요하다. 그곳에 놓인 소품들은 세상 어디에도 없는 나만의 안식이 된다. 내가 원하는 것을 수집하고자 했던 흔적들이 모여 우리의 집을 더 따뜻하고 자유롭게 만들어 줄 것이다.

영감을 주는 조명 그리고 의자

이사를 준비하며 새집을 처음 마주하는 순간 마음은 복잡해진다. 채워야 할 가구와 가전, 소품들이 눈에 밟히고 이전에 살던 사람이 오래 사용한 벽지와 바닥은 더욱 낯설게 다가온다. 모든 것을 한꺼번에 바꿔야 할 것처럼 느껴져 혼란스러운 것이다. 인테리어 견적을 알아보면 그런 감정은 두 배가 된다. 비용에 놀라고 공사 기간에 또 한 번 놀란다. 하지만 꼭 집을 송두리째 뜯어고쳐야만 하는 것은 아니다. 아직 목적이 분분명한 전셋집, 월셋집이라면 더욱 그렇다. 진체 인테리어를 고민하기보나 좋은 가구와 소명으로 부드를 전환하는 것이 훨씬 현명하다. 장치를 잘 사용하기만 하면 품격 있는 경험을 할 수도 있다.

사람은 의외로 거대한 변화보다 손 닿는 곳의 작은 변화에서 먼저 위로를 받는다. 하루 중 가장 자주 앉는 자리의 의자가 몸의 긴장을 풀어주고 어깨를 세우고 마음을 안정시킨다. 그래서 나는 늘 말한다. 의자는 집 안에 놓인 '가장 작은 집'이라고. 몸이 기대고 숨을 고르는 장소가 곧 마음의 온도를 정하기 때문이다. 조명 또한 그렇다. 조명은 공간의 장식이 아니라 마음의 리듬을 조율하는 장치다. 은은한 빛은 평온을 만들고 좁은 영역을 비추는 집중 조명은 생각을 하나로 모은다. 인테리어라고 하면 으레 거대한 작업을 떠올리는데 사실 변화는 이렇게 작은 도구 하나에서 조용히 시작된다.

좋은 가구와 조명은 단순히 눈을 즐겁게 하는 장식을 넘어 일상에서 직접 경험할 수 있는 작은 예술품이다. 우리는 보통 미술관에 가야만 작품을 만난다고 생각한다. 하지만 거실 한편에 놓인 의자와 식탁 위를 비추는 한 줄기 빛도 미술관의 작품 못지않은 예술적 경험을 선사한다. 그것은 우리의 기분과 하루의 감각을 바꾸는 도구이기도 하다.

최근 BTS의 리더 RM은 세계적인 디자이너 가구들을 직접 수집하며 화제가 되었다. 그의 집에는 조지 나카시마George Nakashima의 테이블과 선반, 에드라Edra의 '엡솔루Absolu' 소파, 프란체스코 발자노Francesco Balzano의 '스완 커피 테이블Swan Coffee Table' 같은 작품이 놓여 있다. 그가 예술을 대하듯 자신의 시간을 채우고 영감을 얻는 과정이 잘 드러났다. 아티스트가 자신의 공간을 꾸미는 일은 결국 창작의 과정과 닮아있다.

좋은 가구와 조명을 고르는 일은 안목을 기르는 훈련이다. 처음에는 가격에 놀랄 수 있다. 하지만 작은 의자나 조명을 고르는 것으로 훈련을 시작하면 공간을 보는 눈이 점점 달라진다. 와인을 처음 접할 때는 단순히 레드와 화이트로만 구분하던 사람도 시간이 지나면 산도와 향, 여운까지 구분하듯이 가구와 조명 역시 우리의 감각을 세밀하게 확장한다.

아침에 창가 의자에 앉아 커피를 마시면 하루가 다르게 열리고 저녁에 은은한 조명 아래 음악을 틀면 마음이 편안해진다. 아이가 공부하는 책상 위에 테이블 램프를 켜면 짧은 시간이지만 몰입의 힘을 경험한다. 마음이 차분해지는 공간에서의 일상은 그 자체로 특별하다. 그래서 나는 권하고 싶다. 인테리어를 결심하기 전에 먼저 당신의 집에 작은 조명과 멋진 의자 하나씩을 들여놓아 보라고. 작은 조명 하나, 의자 하나가 제자리를 찾는 순간, 집은 말없이 당신의 삶을 다시 설계하기 시작한다.

안목, 경험으로 만든 평균 감각

무엇을 볼 것인가는 곧 어떤 세계에서 살아갈 것인가를 선택하는 일이다. 우리는 모든 것을 감지하며 살아갈 수 없다. 인간의 감각은 한정되어 있고 관심은 그 한정된 감각에 방향을 부여한다. 관심이 쏠리는 곳에서 비로소 세계는 선명해지고 관심이 닿지 않는 곳은 흐릿해진다. 누군가는 같은 풍경을 보고도 아무것도 느끼지 못하더라도 누군가는 그 안에서 자신의 삶을 바꿀 단서를 발견한다. 결국 보는 법을 배우는 일은 나만의 감각 질서를 세우는 일이다.

무엇을 볼 것인가에는 관심이 필요하다. 자신이 기울이는 관심의 무게만큼 감각의 세계를 갖게 된다. 의사들은 손끝 감각이 발달한다. 보통 사람이라면 알아채지 못할 미세한 움직임으로 환자의 몸 상태를 읽고 작은 차이를 구분해 생명을 지켜낸다. 음악가들은 소리에 민감하다. 우리가 듣지 못하는 미묘한 울림과 떨림을 포착해 그것을 아름다운 연주로 빚어낸다. 자신의 분야에서 오랜 시간 감각을 키우면 특정한 감각은 남들보다 훨씬 예민하게 발달한다.

스티브 잡스가 픽셀 하나의 어긋남에 집착했던 것도 같은 맥락이다. 감각이 날카로워지면 불편함은 커지지만 그만큼 세계를 더 깊고 풍요롭게 바라볼 수 있다. 베토벤이 거의 청력을 잃은 상태에서도 마음속의 음을 붙잡아 교향곡을 완성한 것처럼 감각의 예민함은 때로 삶을 전환하는 힘이 된다.

사람의 감각은 경험을 통해 평균을 만든다. 평균은 각자가 살아온 경험으로 만들어진다. 그래서 50평에서 40평으로 옮기면 갑자기 벽이 가까워진 듯 느껴지고 10평 원룸에서 30평으로 이사 오면 오히려 공기가 너무 넓게 퍼져있는 것처럼 느껴지기도 한다. 동일한 공간이라도 누구에게는 안온함이고 다른 누군가에게는 낯섦이다.

하지만 여기서 중요한 건 환경의 좋고 나쁨이 안목의 높고 낮음을 결정짓지 않는다는 사실이다. 어떤 사람은 부족하다고 느낀

부분을 스스로 채우려다 어느 순간 남들보다 더 뾰족한 취향을 지니게 된다. 결핍이 오히려 자신만의 기준을 만드는 연료가 되는 것이다. 반대로 어떤 사람은 피곤함을 줄이기 위해 점점 무난하고 과하지 않은 것을 찾는다. 이는 취향이 없는 게 아니라 자신이 평온해지는 지점을 정확히 아는 선택이다.

안목은 이렇게 자란다. 풍족함에서만 싹트는 것도 아니고 결핍에서만 오는 것도 아니다. 삶이 나에게 건네는 감정의 무게, 그것을 어떻게 받아들이고 해석했는지에 달렸다. 그 과정에서 조금씩 형태를 갖춘다. 처음에는 그저 바라보다가 어느 순간 이유를 설명할 수 없는 느낌이 생긴다. 그 느낌을 믿고 작은 실천을 하다 보면 어느 날 문득 내 일상 곳곳에 나만의 기준이 스며들어 있다. 안목은 조건이 아니라 삶을 대하는 태도가 만든다.

각자의 결핍과 풍요가 다르기에 안목도 각자만의 모양을 지니게 된다. 결국 내면의 감각이 자라는 만큼 그 감각을 투사할 새로운 장소를 필요로 한다. 그 장소가 바로 집이다. 집은 매일의 선택과 태도가 정직하게 드러나며, 밖에서 수집한 감정과 감각의 변화가 가장 먼저 보인다. 그래서 집은 내면의 감각을 시험해 보고 다듬는 최초의 실험실이자 마지막 안식처이기도 하다. 안목은 집 안에서 형태를 갖추고 집은 그 안목을 통해 다시 새롭게 태어난다.

공간이 마음을 치유하는 방식

우리나라의 많은 구축 아파트는 설계와 시공의 한계 때문에 완벽한 수직과 수평을 유지하기 어렵다. 벽이 살짝 기울어 있거나 바닥이 미세하게 경사를 이루는 경우가 흔하다. 눈이 예민한 사람일수록 이런 미묘한 불균형이 마음에 걸려 결국 인테리어를 하고자 하는 결심으로 이어지는 경우가 많다. 하지만 여기서 중요한 건 단순히 시공 결함을 고치는 차원이 아니다. 안목은 보는 것, 느끼는 것, 실천하는 것, 일상에 녹아드는 것의 과정을 거쳐 자란다. 그 안목이 디자인으로 연결될 때 공간은 단순한 물리적 틀을 넘어 마음의 평온까지 품을 수 있다.

우리는 평생 집 안에서 살아왔지만 정말로 집을 자세히 들여다 본 적은 없다. 벽의 질감과 바닥의 미묘한 기울기, 가족의 흔적이 남은 작은 자국들은 그냥 지나치면 하자나 불편으로 보일 수 있지만 깊이 들여다보면 그 집만이 가진 풍경일 수도 있다. 우리는 집이 우리에게 줄 수 있는 수많은 가능성과 기회를 무심히 지나치며 살아왔다. 멀리 있는 것만 같던 행복의 기회나 성공의 가능성도 결국은 집에서 시작될 수 있다. 집은 습관이 형성되는 자리이고 가족 관계가 회복되는 출발점이다. 매일의 작은 생활이 쌓여 삶의 방향을 바꾸는 힘을 가진 공간이 바로 집이다.

생각해 보자. 우리가 어떤 일에 집중하고 보람된 시간을 보내려고 할 때 가장 먼저 하는 일은 무엇인가? 대부분은 청소다. 공부를 시작하기 전에 책상을 정리하고 새로운 프로젝트를 준비할 때 방 안을 정돈한다. 그런데 시간이 흐르면 청소만으로는 바뀌지 않는 무언가가 남는다. 구조나 형상 자체가 가진 불편이나 고쳐야 할 부분이 보이지 않는 곳에 숨어 있기 때문이다.

모든 것을 바꿀 수는 없다. 바꿀 수 없는 것에 지나치게 집착할 필요도 없다. 그러나 분명히 바꿀 수 있음에도 불구하고 방치해서 나 자신을 계속 괴롭히는 부분이 있다면 그 지점을 놓쳐서는 안 된다. 디자인은 바로 그 섬세한 지점을 건드리는 일이다. 수직과 수

평의 작은 어긋남 때문에 스트레스를 호소하는 사람들은 단순히 예민한 성격이 아니다. 이미 그들의 공간 경험 속에서 쌓인 감각이 안목으로 자리 잡았기 때문이다. 눈이 더 민감해졌다는 것은 동시에 삶의 질서와 조화를 더 깊이 느끼고 싶다는 신호다.

디자인의 역할은 단순히 맞추는 것에 그치지 않는다. 디자인된 경험의 본질은 불편함을 찾아내고 그것을 뛰어넘어 아름답게 보이도록 만드는 데 있다. 예를 들어, 확장 공사 후 남는 샤시 날개벽은 많은 이들에게 미완성의 흔적처럼 보인다. 그러나 디자이너는 이 불편을 기회로 바꾼다. 날개벽을 따라 라운드 벽면을 만들면 공간에 부드러운 흐름이 생기고 그 앞에 수납장을 더하면 처음부터 의도된 기능 공간처럼 보인다. 그렇게 불편의 흔적이 오히려 집의 포인트가 된다.

그렇게 완성된 집에서는 스트레스 받던 기억이 점차 사라진다. 홈바에서 커피를 마시는 여유로움과 곡선을 바라보며 마음이 편안해지는 경험이 먼저 떠오른다. 결국 디자인은 단순히 집을 고치는 일이 아니나. 불편을 평안으로 바꾸고 결핍을 아름다움으로 전환하는 과정이다. 이것이 안목이 자라난다는 또 하나의 얼굴이며 집이 줄 수 있는 가장 큰 선물이다.

우리의 눈만이 아닌 마음으로 보는 경험이 필요하다. 세계적인 건축가들도 같은 과정을 반복해 왔다. 그들의 결과물은 단순히 건축적 기술의 성취가 아니라 불편과 제약을 마주한 끝에 공간에 마음을 담아낸 흔적이었다. 그래서 우리는 그들의 작품을 보며 공간이 어떻게 새로운 의미와 울림으로 변모하는지 생각해 볼 수 있다.

안도 다다오의 빛의 교회는 일본 오사카의 평범한 주택가 한복판에 세워졌다. 건축주는 원래 화려한 성당을 원했지만, 예산은 턱없이 부족했다. 안도는 한정된 조건 속에서 고민했다. "무엇을 덜어낼 것인가, 무엇을 남길 것인가." 결국 그는 장식과 장엄함을 포기하고 공간의 본질에 집중했다. 재료는 가장 단순한 콘크리트 박스. 하지만 그 안에 단 하나의 틈을 내어 빛이 십자가 모양으로 스며들게 했다. 그 틈으로 들어오는 빛은 차갑고 무거운 벽을 뚫고 들어와 공간 전체를 성스러운 무대로 바꿔놓았다. 어둠은 결핍이 아니라 빛을 더욱 강조하는 배경이 되었고 불편했던 공간은 예배자의 마음을 몰입하게 하는 장치로 변했다. 부족한 예산이 본질로 파고드는 계기가 된 셈이다.

르 코르뷔지에 역시 20세기 초 대량 주거가 안겨준 불편을 직시했다. 창의 높이가 어색하고 계단의 간격이 불편하며 비례가 제각각인 집들은 사람들에게 늘 피로를 주었다. 그는 인간의 평균 키와 황금비를 결합해 '모듈로르Le Modulor'라는 비례 체계를 만들었고 창, 벽, 계단, 가구를 그 질서에 맞췄다. 혼란스럽던 공간이 사람의 몸과 눈에 맞는 조화로 정리되자 주거는 비로소 안정을 주기 시작했다. 이처럼 불편을 외면하지 않고 직시하며 그것을 새로운 질서로 전환하는 순간 우리는 단순한 시공을 넘어선 디자인의 세계에 들어가게 된다. 아름다움의 기준은 시대마다 달라진다. 하지만 자연을 닮은 질서와 균형은 언제나 사랑받아 왔다. 나무의 결, 돌의 무게, 햇살이 만들어내는 수직과 수평의 그림자와 같은 본질적인 아름다움은 언제나 우리를 안심시킨다.

안목이 열리면 불편함이 커진다. 이전에는 보지 못했던 차이를 보게 되고 듣지 못했던 울림을 느끼며 경험하지 못했던 질서를 발견한다. 자동차의 마감 선 하나, 가방의 박음질 한 줄, 공간의 수직과 수평이 만들어내는 미세한 긴장까지 전해져 온다. 그러나 그 불편함 속에서만 느낄 수 있는 차분함과 성숙이 있다. 음악가가 민감해진 청력 때문에 음악을 포기하지 않듯 공간에 대한 감각이 예민해질수록 삶의 풍경은 더욱 섬세한 작업을 하게 된다. 그래서 우리에게 주어진 질문은 단순하다. 새로운 경험의 세계로 들어 갈 것인가, 말 것인가.

나에게는 몇 년째 이어지고 있는 아침 루틴이 있다. 새벽 다섯 시에 일어나 세수를 하고, 팔굽혀펴기 백 번을 한 뒤 물 한 잔을 마신다. 그리고 문 가까이에 늘 놓여 있는 가방을 들고 아내가 전날 밤 준비한 분리수거 봉투를 챙겨 단지 내 분리수거장으로 향한다. 누가 시킨 것도 아니고 매일 거창한 결심을 새로 하는 것도 아니다. 그저 내 몸이 기억한 동선대로 움직일 뿐이다.

이 단순한 루틴 안에는 내가 바라는 것들이 고스란히 들어 있다. 하루를 상쾌하게 시작하고 싶은 마음, 몸을 건강하게 쓰고 싶다는 다짐, 집안일에 조금이라도 보탬이 되고 싶은 책임감. 이것을 통해 나는 매일을 버티고 때로는 앞으로 나아갈 힘을 얻는다.

습관은 결심만으로 만들어지지 않는다. "오늘부터 이렇게 살아야지"라는 의지는 쉽게 흔들린다. 결국 중요한 건 의지를 도와주는 환경이다. 집은 우리의 결심을 끌어올리기도 하고 반대로 가볍게 무너뜨리기도 한다. 손을 뻗었을 때 무엇이 잡히는지, 눈을 들었을 때 무엇이 보이는지, 집에 돌아왔을 때 발이 가장 먼저 닿는 자리가 어디인지. 이런 사소한 조건들 위에서 의지는 습관으로 자라난다.

운동화를 현관 깊숙한 곳에 넣어두면 뛰러 나가는 일은 금세 귀찮아진다. 반면 현관에서 방으로 이어지는 길목 발이 스치는 자리에 운동화를 두면 상황이 달라진다. 집은 매일 같은 질문을 던진다. "오늘도 그냥 넘어갈래, 아니면 10분이라도 움직여볼래?" 이렇게 시작된 조깅이 어느새 몇 해를 이어가는 습관이 된다.

아침 루틴을 돕는 공간의 힘은 다른 사례에서도 드러난다. 출근 전마다 작은 화분에 물을 주던 한 고객은 "저 아이에게 물을 주면, 나도 누군가를 보살피고 있다는 생각이 들어요. 그 마음이 하루를 버티게 하는 힘이 되더라고요."라고 말했다. 화분이 생활할 때 눈에 잘 띄는 자리에 있었기 때문이다. 그것은 그의 하루를 적시는 신호였다.

또 다른 고객은 퇴근하면 가장 먼저 손목시계를 풀어 스마트폰과 함께 작은 트레이에 내려놓았다. 그 트레이는 현관에서 거실로 이어지는 자연스러운 동선 위에 놓여 있었다. 그는 말했다. "저기에 내려놓는 순간, 집 안에서는 회사 일이 끝났다고 느껴져요." 그에게 그 작은 트레이는 일과 삶의 경계를 가르는 스위치였다.

아이를 키우는 집에서도 습관은 더 눈에 보인다. 현관 옆 벤치 위에는 아이의 가방과 모자가 놓여 있고 그 자리에서 신발을 신기며 건네는 "오늘도 잘 다녀와"라는 말이 하루의 의식이 된다. 아이에게 그 벤치는 스스로 소중한 존재임을 확인하는 자리다.

반려견과 함께 사는 집 역시 공간이 리듬을 만든다. 문 옆에 걸린 목줄과 그 아래 놓인 간식 통. 강아지가 그 앞에 서면 가족은 자연스럽게 산책을 준비한다. 단순한 이벤트가 아니라 "이 시간에는 함께 걷는다"라는 약속이다. 공간이 먼저 신호를 보내고 가족이 그 신호에 응답한다.

건강 습관을 위해 공간을 설계한 또 다른 사례도 있다. 아침마다 비타민을 챙겨 먹기 위해 주방에 드러그 존drug zone을 만든 고객은 물컵, 비타민, 작은 기록지까지 한곳에 모아두었다. "자꾸 잊어버리니까 아예 자리를 만든 거예요." 의지가 공간과 만나 구조가 되자 그는 매일 자신을 챙기는 작은 승리를 이어갔다.

습관을 위해 공간에 장치를 세팅한 또 다른 사례도 있다. 수면 패턴을 지키기 위해 스마트 조명을 세팅한 고객은 밤 11시면 집 안의 모든 불이 자동으로 꺼지도록 설정해 두었다. 따라 하기 쉽지 않아 보이지만 사실은 환경이 의지를 대신해 준 것이다. 불이 꺼지는 순간 몸은 "이제 쉬어도 된다"라는 신호를 배운다. 덕분에 그는 밤늦게 스마트폰을 보다 다음날을 망치는 날을 크게 줄였다. 의지를 내기 위해 애쓰기보다 환경을 바꾸는 편이 얼마나 더 효율적인지 보여주는 사례였다.

서재와 책상에서도 공간은 습관을 빚는다. 책이 손만 뻗으면 닿는 높이에 있는지, 노트북이 늘 열려 있는지, 조명이 자연스럽게 책을 향하는지. 이런 요소들이 '언젠가 공부해야지'라는 막연한 다짐을 '오늘 한 페이지만 읽자'라는 행동으로 바꾸어준다. 욕실도 예외가 아니다. 스킨케어 제품이 눈에 보이는 자리에 정리되어 있고 수건이 같은 위치에 걸려 있다면 "그냥 자버릴까?"라는 유혹이 조금은 줄어든다. 욕실은 몸을 돌보는 태도가 매일 업데이트되는 작은 작업실 같은 곳이다.

집은 매일 우리에게 질문을 던진다. "오늘도 이대로 살아볼래? 아니면 조금 다르게 살아볼래?" 습관은 결심으로만 만들어지지 않는다. 집이 그 결심을 지켜줘야 한다. 눈에 밟히는 자리, 손이 잘 닿는 위치나 몸이 먼저 기억하는 동선과 같은 조건들이 쌓여 어느 순간 우리는 이렇게 깨닫는다. "아, 나 요즘 이런 사람이 되어가고 있구나."

나는 지금도 새벽이 오면 물 한 잔으로 목을 적시고, 몸을 깨우고, 분리수거 봉투를 챙겨 집을 나선다. 이 루틴은 더 이상 '좋은 사람이 되어야지'라는 추상적인 다짐이 아니다. '오늘도 이렇게 살겠다'라는 구체적인 선택이다. 그리고 그 선택은 집이 만들어둔 길 위에서 훨씬 쉬워졌다.

좋은 집은 결국 좋은 습관이 자라나는 집이다. 습관은 오늘을 단단하게 만들고 그 오늘들이 모여 삶의 방향을 바꾼다. 집은 그 과정을 조용히 밀어주는 보이지 않는 동반자다. 그래서 우리는 집을 고를 때 혹은 집을 바꿀 때 이렇게 물어봐야 한다. "이 집은 내가 되고 싶은 나로 만드는 일을 매일 조금씩 도와줄 수 있는가?" 그 질문에 "그렇다"고 답할 수 있다면 이미 절반은 좋은 삶 쪽으로 기울어 있는 것이다.

인테리어 상담을 하다 보면 종종 이런 질문을 받는다. "집을 매매할 때 딱 한 번 봤는데, 너무 구축이라 이대로는 도저히 들어가 살 수가 없어요. 전체 인테리어는 꼭 해야 할 것 같은데 가성비 있게 하려면 어떻게 해야 할까요?" 나는 그럴 때 늘 거주 기간을 먼저 묻는다. "이 집에 몇 년 사실 계획이신가요?"

3년에서 5년 정도 살 계획이라고 말하면 나는 그때마다 고개를 젓는다. 짧은 시간 동안 머물 집이라면 집 전체를 뜯는 인테리어는 해서는 안 된다. 원래 10년을 써야 할 것을 짧게 쓰고 떠난다면 어떤 비용을 들이든 결국 두세 배의 지출이 되는 셈이다. 인테리어에서 흔히 말하는 '가성비'라는 말은 사실 이 상황에서 모순일 수밖에 없다.

인테리어는 결국 사람의 손으로 하는 인력 기반의 비즈니스다. 나는 종종 인테리어를 수술에 비유한다. 의사가 수술실에 들어가기 전 "보통은 세 시간이 걸립니다"라고 말할 수는 있다. 수많은 계획과 과거 경험을 바탕으로 수술 과정의 예상 시간이 적정하게 짜여 있다는 뜻으로 하는 말이다. 그런데 실제로는 상황에 따라 여섯 시간이 걸릴 수도 있다. 그렇다고 충분한 검사와 준비를 거친 계획된 수술이 한 시간 만에 끝날 수는 없다. 시간을 단축하거나 비용을 무리하게 줄이는 방법은 결국 좋지 않은 자재를 쓰거나 공정을 대충 넘어가는 것뿐이다. 그 결과는 늘 똑같다. 사고가 나서 다시 고치느라 더 큰 비용이 발생한다. 그래서 인테리어에서 가장 중요한 건 비용을 아끼는 것이 아니라 적정한 투자인지를 검토하는 것이다.

단열을 예로 들어보자. 비싼 자재일수록 성능이 높고 저렴한 자재일수록 성능이 낮다. 그런데 단열에서 중요한 건 자재 성능만이 아니다. 꼼꼼하게 시공되었는지가 더 큰 차이를 만든다. 빈틈이 없는지를 여러 번, 여러 사람의 눈으로 점검하는 과정이 필수적이다. 빠르고 꼼꼼하면서도 저렴하게 작업하는 건 불가능하다. 꼼꼼함은 반드시 시간을 들여 반복 점검해야만 확보되는 것이기 때문이다.

그래서 국가는 국민의 주거 환경을 일정 수준 이상으로 보호하기 위해 기준을 정해두었다. 일정 이하의 단열재는 사용을 금지하는 것이다. 나는 이 조치가 에너지 효율을 위한 것만이 아니라 나쁜 인테리어 업체들의 부실시공으로부터 소비자를 지키기 위한 장치라고 생각한다. 집은 단순한 상품이 아니다. 평생을 함께하는 삶의 배경이고 우리의 기억을 담는 무대다.

그러나 우리 사회에서는 여전히 집을 투자 대상으로 보는 시선이 많다. 나는 그 관점이 무조건 잘못되었다고 생각하지 않는다. 계획된 투자일 수도 있고, 충분히 이유 있는 선택일 수도 있다. 다만 투자로 집을 결정했다면 그다음 단계에서 가성비 인테리어를 찾는 건 잘못된 선택이다. 집은 가격을 낮추는 방식으로 가치가 올라가지 않는다. 오히려 적정한 투자를 통해 공간의 완성도를 높이고 그 경험과 결과가 쌓일 때 비로소 진짜 투자 가치가 만들어진다.

만약 인테리어를 하는 목적이 자산 가치에 대한 투자이면서도 우리 가족의 주거 생활을 고려하겠다는 생각이라면 최소한 10년은 그 집에 머물 각오를 해야 한다. 그래야 인테리어에 들어간 비용을 공간의 경험과 자산 가치로 충분히 회수할 수 있다.

매일 사용하는 공간을 더 풍요롭게 만드는 일은 결코 낭비가 아니다. 아이가 성장하는 시간과 가족의 표정이 바뀌는 장면을 집이 품어야 하기 때문이다. 짧은 투자 기간만을 기준으로 집을 바라보면, 우리는 결국 비용만 계산하다 삶의 질을 놓치게 된다. 인테리어를 고민할 때 가장 중요한 건 비용이 아니다. "어떤 경험을 만들고 싶은가?"라는 질문이다.

책을 읽는 저녁의 조용한 거실, 아이와 함께 그림을 그리는 주방의 풍경, 늦은 밤 음악을 듣는 작은 서재는 우리에게 경험을 준다. 이 경험을 설계하는 것이 인테리어의 본질이다. 물론 현실적인 상황에 맞게 비용을 고려해야겠지만 비용에 집착하는 순간 공간은 숫자에 갇혀 버리고 만다. 반대로 경험을 먼저 생각하면 그 경험을 가능하게 만드는 가구와 조명, 색과 질감이 자연스럽게 따라온다. 돈은 경험을 가능하게 하는 수단이지 목적이 되어서는 안 된다.

집을 고치다 보면 집착이 생긴다. 70점을 90점으로 끌어올리면 이번에는 95점을 향해 달려간다. 하지만 결국 욕심이 된다. 공간은 완벽할 수 없다. 결국 내가 이 집을 사랑하는가에 대한 응답이 있어야 나머지 점수를 채울 수 있다. 그렇다면 우리는 어디까지 고민해야 할까? 나는 고객들에게 꼭 취해야 하는 기능과 기본적 투자 범위를 정하고 나머지는 디자이너에게 맡기라고 조언한다.

본다는 것은 단순히 눈에 담는 것이 아니라 깊이 들여다보는 태도다. 우리는 집을 안다고 생각하지만 실제로는 잘 알지 못한다. 특히 디자인과 활용의 관점에서는 전문가만큼 이해하기 쉽지 않다. 마치 우리가 매일 자기 몸을 보고 느껴도 의사만큼 세밀하게 알 수는 없는 것과 같다. 우리는 모두 전문 디자이너가 아니다. 디자이너들은 수10년간 색의 조화와 곡선의 미학을 연구하며 집을 설계한다. 그들의 결과물을 내가 몇 마디 조언으로 바꾸어낼 수는 없다.

다만 분명히 기억해야 할 점은 이 집의 주인이 나라는 사실이다. 디자이너는 집을 설계할 수 있지만 그 안에서 살아갈 태도와 경험을 채우는 것은 결국 나의 몫이다. 나는 상담을 할 때 이런 원칙을 말한다. "디자이너에게 세 번의 기회를 주세요." 처음 제안은 서로의 감각을 맞추는 과정이다. 두 번째는 수정과 보완이다. 세 번째까지도 만족스럽지 않다면 그때는 디자이너의 한계다. 성급하게 판단하면 아직 완성되지 않은 과정에서 스스로 기회를 잃게 된다. 좋은 공간은 한 번의 스케치로 완성되지 않는다. 오랜 시간의 고민과 수정을 견뎌낼 때, 비로소 집은 주인의 이야기를 닮아간다.

나는 인테리어를 단순한 소비가 아니라 새로운 아비투스 habitus를 체화하는 과정이라고 생각한다. 아비투스란 삶의 습관으로 몸에 밴 태도를 말한다. 안목이 있다는 것은 단순히 멋을 아는 게 아니다. 나를 차분하게 만들고 가족을 존중하게 하며 하루를 특별하게 여기는 힘이다. 전문가의 손길을 신뢰하고 조율의 시간을 기다리며 비용보다 경험을 우선하는 태도 속에서 우리는 새로운 안목을 얻는다. 그리고 그 안목이 우리의 인품과 태도를 만들어낸다. 돈으로 살 수 없는 가치가 바로 여기에 있다.

인테리어 설계 과정은 아주 긴 프로젝트다. 결혼 준비보다 두 배는 더 힘들다고 말해도 과장이 아니다. 결혼을 준비할 때도 예식장을 고르는 큰 문제보다 부케 색깔이나 사회자 멘트 같은 사소한 부분에서 더 크게 다투게 되는데 인테리어도 마찬가지다. 벽지 색과 손잡이 디자인을 두고 몇 시간을 고민하다가 서로 지쳐버린다. 그 과정에서 많은 사람이 애매한 상황에 갇히고 답답함을 느낀다. 그러다 보면 정말 인테리어가 가족과 이렇게까지 나투면서 해낼 만큼 가치 있는 일일지 고민하게 된다.

집을 고치다 보면 욕심이 자연스럽게 자란다. 한 번 손을 대면 더 나아지고 싶은 마음이 커지기 때문이다. 하지만 완벽을 향한 집착은 어느 순간 가족의 평화를 위협한다. 왜 아직도 만족을 못 하느냐는 질문은 불만으로 들리고 취향이 존중받지 못한다고 느끼면 작은 차이가 큰 상처가 된다. 하지만 인테리어의 진짜 완성은 화려한 결과물이 아니라 가족 모두가 납득 할 수 있는 합의점에 도달했을 때 찾아온다.

실제로 내가 상담했던 사례 중에 인상적인 두 사람이 있었다. 한 사람은 집을 오래 쓰기 위해 관리와 기능을 최우선으로 생각했다. 스크래치에 강한 마루, 얼룩을 버티는 상판, 비용 대비 효율을 따지는 구조였다. 그에게 집은 안정과 실용의 기반이었다. 다른 사람은 반대로 오랫동안 마음속에 품어온 풍경을 집 안에 담고 싶어 했다. 차분한 컬러, 부드러운 곡선, 따뜻한 조명. 그에게 집은 삶의 감각을 회복하는 안식처였다. 초반에는 서로의 말이 설득이 아니라 공격처럼 들렸다. "그건 너무 관리가 어려워.", "왜 늘 무난하게만 살아야 해?" 그러나 상담을 이어가며 이 둘이 사실은 같은 마음을 향하고 있다는 것을 알 수 있었다. "우리 가족이 편안하게 살 수 있는 집을 만들고 싶다." 단지 '편안함'의 방식이 달랐을 뿐이었다. 그 지점을 정리하자 합의는 빠르게 진행됐다.

우리는 집을 두 축으로 나누어 설계했다. 실용 관리 중심의 축과 감성 경험 중심의 축이다. 거실과 주방처럼 함께 머무는 공간은 경험 기반 파트너의 취향을 중심으로 구성하되 작업실이나 수납 중심 공간은 실용 기반 파트너의 기준에 맞췄다. 공사가 끝난 뒤 완성된 집에 들어선 두 사람은 동시에 웃었다. 한 사람은 내가 꿈꾸던 풍경이 집 안에 생겼다고 말했고 다른 사람은 관리 걱정이 줄어서 마음이 편하다고 말했다. 이 집은 누구의 취향이 앞서느냐의 문제가 아니라 두 사람의 마음이 함께 설 자리를 마련할 수 있는가에 대한 대답이었다.

집은 나 혼자 쓰는 공간이 아니다. 집의 변화는 필연적으로 함께 사는 사람들의 동의로 지속된다. 인테리어 상담 현장에서 종종 보는 장면이 있다. 한 사람은 실용성을 강조하고 다른 한 사람은 미적 감각을 중시한다. 아이는 자신만의 공간을 원한다. 의견이 충돌하면 인테리어는 곧 갈등의 불씨가 된다. 그런데 흥미로운 건 최종 결과보다 과정을 어떻게 밟아왔는지가 만족도를 좌우한다는 점이다. 결국은 가족이 함께 도면을 보면서 의견을 나누고 서로 다른 취향을 맞추기 위해 토론하는 과정이 마음 속에 남는다. 거실 벽의 색을 고르며 벌어진 다툼도 결국 시간이 지나면 그때 우리가 얼마나 진지했는지 웃으면서 떠올릴 수 있는 추억이 된다.

가족과의 조율은 배려의 문제다. 하지만 배려만 하다 보면,

어느 순간 나는 사라진다. 그래서 균형을 맞추는 것이 중요하다. 가족의 동의 없이 혼자 달려가는 인테리어는 오래가지 못한다. 그렇다고 늘 양보만 하면 집은 결국 나와는 상관없는 공간이 된다. 집은 취향의 합이 아니라 구성원 개개인의 존재감이 배어 있어야 비로소 안전한 울타리가 된다. 만약 한 사람이 계속해서 자신의 취향을 뒤로 미루기만 한다면 그 사람에게 집은 점점 '머무르는 공간'이 아니라 '사용만 하는 공간'이 되어버린다. 말없이 감정이 쌓이고 어느 순간 집에서조차 나를 숨기게 된다.

이는 인테리어의 문제가 아니라 관계의 문제이고 더 심각해지면 자기 자신을 지키는 경계가 흐려지게도 된다. 집은 나의 모습 일부가 드러날 때 비로소 나를 회복시키는 장소가 된다. 균형은 이 두 극단의 사이에서 태어난다. 내 취향을 솔직히 말하되 상대의 취향을 존중하는 태도가 중요하다. 때로는 한발 물러서고 또 다른 순간에는 내 입장을 굳건히 지키는 지혜가 있을 때 비로소 함께 사는 집을 유지할 힘을 얻는다.

인테리어 과정에서 중요한 건 전문가를 어떻게 활용하느냐다. 색의 미묘한 톤 차이나 곡선의 균형은 분명 디자이너의 오랜 경험에서 나온다. 그러나 그렇다고 해서 모든 결정을 맡겨버릴 수도 없다. 디자이너의 제안을 존중하되 결국 이 집에서 살아갈 사람은 나와 내 가족이라는 사실을 잊지 않아야 한다. 전문성이 만든 결과물 위에 우리 가족의 합의와 선택이 덧입혀질 때 비로소 집은 살아 있는 공간이 된다.

　　그리고 이 이야기를 모두 지나고 보면, 인테리어의 진짜 해결책은 "실용을 먼저 챙기세요" 같은 조언이 아니다. 취향의 우열을 가르는 것도 아니다. 그것은 서로 다른 생활 리듬을 하나의 박자로 조율하는 일이다. 어떤 사람은 빠르게 움직이고 싶고 어떤 사람은 천천히 쉬고 싶다. 어떤 사람은 집에서 영감을 얻고 싶고 또 어떤 사람은 집에서 회복하고 싶다. 갈등은 취향이 달라서 생기는 게 아니라 생활 리듬이 충돌해서 생긴다.

　　집은 취향을 경쟁하는 장소가 아니라 가족의 리듬을 맞추는 악보가 되어야 한다. 좋은 디자이너는 이렇게 묻는다. "이 집에서 누구의 리듬이 어디에서 크게 달라지나요?" 그 질문에서 갈등은 대화로 바뀌고 대화는 합의로 이어진다. 그것이 모두 함께 살아갈 수 있는 집을 만든다.

우리는 흔히 성공을 운이나 환경, 능력 탓으로 돌린다. 하지만 최근의 많은 연구들은 다른 이야기를 한다. 성공의 진짜 바탕은 바로 성격 자산Personality Capital이라는 것이다. 성격 자산은 기질적인 부분이 아닌 자원에 가깝다. 약속을 지켜서 신뢰할 수 있는 태도와 꾸준히 이어가는 성실함과 끈기, 넘어져도 다시 일어나는 회복력, 타인의 마음을 헤아릴 수 있는 공감 능력…. 이 모든 것들이 차곡차곡 쌓여 내 안의 자산이 된다.

성격 자산은 작은 습관과 환경, 경험 속에서 서서히 축적된다. 그런데 매일 받는 스트레스가 이 자산을 갉아먹는다면 아무리

노력해도 쉽게 지치고 방향을 잃을 수밖에 없다. 그래서 성격 자산을 지키고 키워내기 위해서는 무엇보다 스트레스의 총량을 관리하는 일이 중요하다. 이때, 우리가 가장 오래 머무는 집이 결정적인 역할을 한다. 드라마 《작은 아씨들》에서 비슷한 이야기를 했다. 좋은 집에 살면 밖에서 경험한 안 좋은 일이 싹 잊혀서 성공할 확률이 높아진다는 것이다. 회복에 충실할수록 우리는 다음 날 다시 살아갈 힘을 쉽게 얻을 수 있다. 하지만 오히려 집이 또 다른 스트레스의 원인이 된다면 우리의 성격 자산은 회복되기는커녕 조금씩 닳아 없어질 뿐이다.

현관에 신발이 엉켜 쌓여 있고 거실에는 장난감이 굴러다니며 부엌은 늘 동선이 꼬여 요리할 때마다 짜증이 나고 작은 소음도 벽을 타고 증폭되어 울리는 집에 산다면 어떨지 생각해 보자. 이런 환경에서는 나답게 살 힘이 점점 사라진다. 반대로 집이 나를 돕는 구조라면 어떨까. 퇴근 후 현관문을 열었을 때 필요한 물건만 제자리에 놓여 있고 조리대 옆에 설 때마다 필요한 물건이 손이 척척 닿고 소파에 앉자마자 조명이 부드럽게 켜지는 집이라면 상황이 달라진다. 그런 집은 하루의 피로를 풀어내고 다시 살아갈 힘을 채워준다. 집은 결국 스트레스의 시작점이 될 수도 있고 회복의 공간이 될 수도 있는 것이다.

집이 성격 자산을 키우는 방식은 눈에 잘 보이지는 않지만 매우 구체적이다. 푹 꺼지는 침대에 몸을 던졌을 때 온몸이 동시에 풀리면 다음 날 아침 눈을 뜨는 힘이 달라진다. 그 회복된 에너지가 곧 성실함과 집중력의 바탕이 된다. 거실 한편의 작은 책장과 조명 앞에 앉아 있으면 책을 펼치고 싶어진다. 공간은 말없이 습관을 길러내는 조용한 교사다. 식탁에 모여 앉았는데 각자 스마트폰만 들여다보고 있다면 그것은 공간이 대화를 가로막는다는 신호라고도 볼 수 있다. 서로의 눈을 자연스럽게 마주할 수 있는 배치와 소리를 높이지 않아도 닿을 수 있는 거리가 관계를 부드럽게 만든다. 좋아하는 색으로 칠한 벽, 내가 고른 소파와 조명 속에서 살아갈 때 우리는 무의식적으로 이렇게 느낀다. "나는 존중받는 사람이야." 이런 감정은 곧 자존감으로 쌓인다.

세상에는 유혹이 많다. 피곤해서 운동을 미루고 스트레스로 불필요한 소비를 하고 비교와 열등감에 스스로 갉아먹게 하는 순간이 수없이 찾아온다. 그때마다 나를 다잡아 주는 건 결국 집이라는 환경이다. 집은 하루의 시작과 끝을 책임진다. 아침에 나를 밖으로 내보내는 현관과 저녁에 나를 다시 안아주는 거실, 가족이 함께 마주 앉는 식탁, 그리고 고요히 하루를 닫아주는 침실까지. 이 모든 장치가 모여 나를 나답게 지켜준다. 집이야말로 오늘의 어려움을 이겨내게 만드는 삶의 동반자다.

우리는 모두 불공평한 세상 속에 살고 있다. 태어난 국가, 배경, 경제적 조건, 건강 상태까지 모두 제각각인데 그런 요인들이 삶의 출발선을 다르게 한다. 세상은 쉽게 바꿀 수 없다. 회사에서 만나는 상사, 사회의 구조, 외부의 사건들을 내가 다 통제할 수 없기 때문이다. 하지만 하루가 24시간 주어졌다는 사실은 모두에게 동일하고 내가 머무를 공간만큼은 스스로 선택할 수 있다.

집에서 머무는 시간은 나 자신을 받아들이게 한다. 비교하는 나도, 주저하는 나도, 자신감 넘치는 나도 모두 '나'다. 나의 모든 얼굴을 인정하는 순간 비로소 변화할 힘이 생긴다. 집이 나를 회복시키고 확장한다면 그건 단순한 거주 공간이 아니다. 내 삶을 지키는 시스템이고 나 자신을 돌보는 안식처다.

작가의 집

나는 인테리어 회사 대표로서 일하며 도면과 예산서, 자재 샘플 사이를 오가며 수많은 집을 만나왔다. 하지만 결국 집의 의미를 말하는 힘은 내가 직접 살았던 '우리 집'에서 나온다. 이 글은 누군가의 집을 위한 기술서에 적을 것이 아니기 때문이다. 살아오면서 거친 여러 집들이 나라는 인간 하나를 어떻게 길러내고 달라지게 했는지 기록한 고백에 가깝다.

어린 시절 부모님과 함께 지내던 집, 신혼의 좁은 전셋집, 실패와 회복을 함께 견디딘 집, 그리고 지금 아이와 함께 살아가는 집까지. 많은 기억이 뒤섞인 이야기다. 그로부터 시작된 집에 대한 성찰이 독자들에게 진해져 각자의 집을 바라보게 해주었기

를 바란다. 잠시 멈춰 서서 삶이 우리에게 던지는 질문에 답하다
보면 비로소 집의 진짜 모습을 만날 수 있다.

기억의 집

어린 시절의 집을 생각했을 때 가장 먼저 떠오르는 건 수
원의 한 주택가 풍경이다. 작은 마당을 품은 2층 주택이었다. 짙은
오크색에 빗금무늬가 있는 바닥은 걸음을 옮길 때마다 삐걱거렸
고 여름날이면 선풍기가 쉼 없이 돌아가며 뜨거운 공기를 흩뜨렸
다. 그 시절의 부모님은 지금의 나보다도 훨씬 젊었다. 집을 떠올
리면 언제나 그들의 웃음과 눈빛이 가장 먼저 되살아난다.

우리 가족은 여러 차례 이사했다. 이수역 근처 10평 남짓
한 반지하 빌라에서는 눅눅한 냄새와 차가운 겨울 공기를 견뎌야
했다. 일산의 20평대 고층 아파트는 여름이면 덥고 겨울이면 유난
히 추웠다. 마침내 어렵게 장만한 서울의 아파트는 부모님의 마지
막 보금자리가 되었다. 집의 형태는 달라졌어도 모든 집에는 부모
님의 표정이 있었다. 홍수로 물난리를 겪던 날의 긴장된 얼굴, 고
층 아파트의 찬 바람을 막으려 두툼한 이불을 꺼내던 어머니의 손

길, 좁은 집 살림에 고단해하던 아버지의 늘어가던 주름과 강인한 눈빛. 나는 어떤 벽지나 가구보다 그 표정을 먼저 떠올린다.

내가 자란 집은 우리 집의 경제적 상황을 드러내는 공간이었고 시대의 변화를 비추는 창이었다. 무엇보다 부모님의 얼굴과 몸짓이 새겨진 기억의 앨범이었다. 이런 경험을 통해 나는 집이라는 공간이 눈에 보이는 요소뿐만 아니라 우리 몸과 마음에 스며든 작은 파편들로 이루어진다는 것을 자연스럽게 알게 되었다. 낡은 바닥의 삐걱거림, 창문을 타고 들어오던 계절의 빛, 부모님의 웃음과 주름. 그것들이 모여 내게는 하나의 기록이 되었다.

꿈의 집

나의 신혼은 작은 전셋집에서 시작되었다. 엘리베이터 없는 4층, 15평 남짓한 작은 집이었다. 오르내릴 때마다 숨이 차올랐지만, 꼭대기 층이 주는 개방감과 하늘 가까이 닿아 있다는 낭만은 그 집을 오히려 꿈의 공간처럼 느끼게 했다.

그 시절 니는 웨딩 플랫폼 사업에 골두하던 일 중독자였다.

하루의 대부분을 사무실에서 보냈다. 길었던 연애 말미, 수입이 불안정했던 나는 내 처지를 초라하게 여기며 결혼 이야기를 선뜻 꺼내지 못했다. 데이트다운 데이트도 없었다. 아내는 그런 나를 믿어주고 묵묵히 응원해 주었다. 그리고 어느 날 먼저 이야기했다. "우리, 결혼하자." 그 한마디가 기적 같았다. 부족함을 움츠리고 있던 나를 향해 괜찮다고 말하며 등을 떠밀어준 것이다.

부모님의 도움으로 얻은 작은 전셋집은 우리가 처음으로 진짜 우리 집이라 부를 수 있는 곳이었다. 아내의 자취방에서 가져온 낡은 소품들과 장모님이 마련해주신 세탁기와 냉장고가 집 안에 채워졌다. "밥은 잘 안 해 먹을 거니까 밥솥은 필요 없어."라며 웃던 아내의 당찬 목소리까지 완벽했다. 그 집은 언제나 소박한 활기로 가득했다. 냄비 밥을 몇 번 태운 끝에 결국 들여놓은 작은 밥솥은 곧 우리의 생활 중심이 되었다.

아내와 나는 함께 퇴근하며 꼭대기 층에 있는 집까지 한층 한층 함께 올랐다. 앞서가던 사람의 등을 향해 뒷사람이 장난스럽게 간지럼을 태우면, 앞서던 사람은 "너 먼저 올라가!" 하며 발을 동동 구르다 결국 둘 다 웃음을 터뜨리곤 했다. 그러면 한 사람이 웃음을 참으며 먼저 계단을 뛰어 올라갔다. 그 계단은 고단하면서도 추억이 많이 남는 곳이었다.

신발장 문은 늘 덜컥거리며 닫혔고 계단 창문은 비스듬히 기울어 있었다. 여름밤 선풍기가 내뿜던 얇은 바람과 겨울 새벽 창문 틈으로 스며들던 차가운 공기마저 우리의 처음을 선명하게 새겼다. 그 집은 넓지도 세련되지도 않았지만 기쁨이 가득했다. 이사 첫날, 문이 '철컥' 닫히는 소리에 서로의 얼굴을 바라보며 웃던 순간과 작은 밥솥에서 피어오르던 밥 냄새가 기억에 생생하게 남았다. 함께 저녁을 먹을 때면 불편하면서도 사랑스러웠던 신혼의 모든 순간이 떠오른다.

🏠 회복의 집

시간이 흐르며 삶의 무게가 달라졌다. 그 시절 나는 나처럼 행복한 가정을 꾸리고 싶어 하는 사람들을 돕고 싶었다. 하지만 시대의 변화 속에서 웨딩 산업은 점점 힘을 잃었고 결국 나는 사업의 실패를 마주해야 했다. 새로운 길을 고민하던 나는 사업을 하며 인연을 맺었던 인테리어 업계 사람들과 지언스럽게 사업 이야기를 나누게 됐디. 이전부터 자주 나눈 대화들이었는네 그때는 이상하리만큼 마음에 오래 남았다. 마치 그 일이 오래전부터 나를 부르고 있었던 것처럼, 나는 어느새 인테리어 사업의 흐름 안에 들어와 있었다.

때마침 아내의 임신 소식이 찾아왔다. 수입이 없었는데도 마음이 차분했다. 세상을 향해 외치고 싶을 만큼 벅찬 기쁨이 밀려왔고 동시에 무거운 책임을 안아야 한다는 결심이 가슴속에 자리했다. 그 순간의 세상은 마치 유리잔 속 햇살이 부서져 흩어지는 듯 작고 따뜻하게 반짝였고, 모든 순간이 나를 향해 은은하게 손짓하는 것만 같았다.

하지만 그 빛은 오래 머물지 못했다. 유산이라는 의사의 한마디, 그리고 아내의 고백은 우리의 일상에 조용하면서도 깊은 균열을 남겼다. 세상은 여전히 움직이고 있는데 우리는 큰 상심을 얻었다. 마음을 추스르려 평범한 대화를 이어가던 어느 날, 나는 기분 전환을 위해 1층 고깃집에 가자고 제안했다. 그러나 아내는 조용히 말했다. "퇴근 후에 4층 계단 오르는 게 제일 힘들었어. 그냥 시켜 먹자."

그 순간 깨달았다. 우리가 그토록 사랑했던 공간, 매일 서로를 위로하며 오르내리던 추억의 계단은 더 이상 일상의 일부가 아니었다. 그것은 피로와 상실, 미안함과 결심의 상징으로 변해 있었다. 우리는 서로에게 말했다. 떠나자고, 다른 집을 찾자고. 그

때 처음으로 집의 의미가 '환경'이 되었다. 공간의 구조가 감정을
바꾸고 일상의 결과를 바꾼다는 사실을 그제야 뼈저리게 알았다.
떠남은 도망이 아니었다. 회복을 향한 선택이었다.

안정의 집

　　전세 계약 만료가 얼마 남지 않았던 2월, 우리는 처음으로
말로만 듣던 신축 아파트를 구경했다. 24평 신축 아파트는 말 그
대로 신세계였다. 지하 주차장에서 집까지 연결되어 있어 쏟아지
는 비에도 옷자락 하나 젖지 않고 들어올 수 있다는 사실이 놀라
웠다. 단지 안에 어린이집이 있다는 것과 욕실이 두 개라는 점도
좋게 느껴졌다. 모든 것이 이전 빌라와는 비교조차 되지 않았고
크고 반듯한 공간이 우리에게 다소 과분해 보이기까지 했다.

　　내가 화장실을 사용하는 습관에 아내가 은근히 불만을 가
지고 있었다는 사실은 욕실이 두 개가 된 후에야 알았다. 이제는
각자의 욕실을 쓰니 더 행복힐 거라머 아내가 귀여운 농남을 던졌
다. 그 작은 변화가 주는 안도감은 의외로 컸다. 넓어진 공간에는
필수 공간이 아니라고 생각했던 서재가 생겼고 그곳에는 책장과

와인잔들이 자리 잡았다. 동선의 충돌이 줄어들었고 넉넉한 수납 덕에 물건은 바깥으로 밀려나지 않았다. 아침에는 부엌으로 스며든 햇살이 식탁 위 그릇들의 윤곽을 또렷이 드러냈다. 저녁이면 복도 등의 낮은 색온도가 하루를 마무리하는 우리를 차분히 감쌌다.

집은 곧 안정이 되었다. 우리는 작은 규칙들을 만들기로 했다. 현관 앞에 벤치를 두니 짐을 내려놓는 정거장이 생겼다. 식탁의 하나 남는 의자는 늘 서로를 위해 비워두는 자리가 되었다. 신축 아파트에 살다 보니, 친구들이 말하던 "한 번 신축에 들어가면 구축으로는 다시 못 돌아간다"라는 말이 실감 났다. 우리는 집들이에 친구들을 불러 모으며 "신축으로 이사 가라"는 말을 서슴없이 건네기도 했다.

하지만 안정이 준 만족은 곧 욕심으로 이어졌다. 이제는 우리 집을 갖고 싶다는 생각이 들었다. 신축 아파트 청약 공고가 뜨면 누구보다 먼저 신청했고 결과 발표가 나올 때마다 손에 땀을 쥐었다. 100대 1, 200대 1의 경쟁률 앞에서 번번이 고배를 마셨다. 떨어지는 때마다 오히려 아쉬움은 커졌다. 그러다 보니 집은 우리 삶의 무게 중심이 되어 있었다. 안정은 우리를 안도하게 했고 동시에 우리 안에 소유의 욕망을 키워내고 있었다.

　　따뜻하고 안정감 있던 24평 신축 아파트에서 우리는 서서히 지난 아픔을 잊어갔다. 그리고 마침내 다시 아이가 찾아왔다. 임신한 아내가 계단 대신 엘리베이터를 탈 수 있다는 사실만으로도 고마웠다. 퇴근길, 지친 아내가 숨을 몰아쉬며 4층 계단을 오르던 모습이 떠올라 마음이 아팠다. 나는 근무 시간을 조정해 함께 출퇴근하기로 했다. 저녁 어스름 속 나란히 걷던 길 위에서 나눈 대화는 우리를 다시 신혼처럼 설레게 했고 소소한 일상은 알콩달콩한 행복으로 가득 채워졌다.

　　아이가 태어난 집은 분명 행복했다. 깊은 잠은 사치스럽고 잦은 병치레와 눈물 파티로 정신없이 시간이 지나갔다. 수족구, 장염, 그 시절 유행하던 바이러스들을 빠짐없이 겪어낸 아이는 어느새 훌쩍 자랐다. 24평의 아파트가 좁게 느껴지는 날이 왔다. 아이가 뛰어놀면 소리가 벽에 부딪혀 울렸고 아랫집에는 노년의 부부가 살고 계셨다. 천사 같은 그분들은 단 한 번도 항의하지 않았는데 우리는 늘 죄송한 마음으로 하루를 보냈다.

　　이제 정말 집을 사야 한다는 압박이 점점 커지던 시기, 현실은 냉혹했다. 주체할 수 없이 치솟기 시작한 집값은 이미 우리가 감히 손댈 수 없는 수준까지 올랐다. 사업은 나름대로 입소문이 나서 성장하고 있었는데 개인 통장의 잔고는 크게 달라지지 않았다. 어떻게 이렇게 고가의 주거 공간을 구매할 수 있었는지 인테리어 상담을 위해 찾아온 고객들이 점점 더 위대해 보였다.

거실은 아이 장난감으로 가득했고 우리의 짐은 점점 자취를 감췄다. 집에 대한 갈망이 깊어지자 나는 부동산 경매 공부를 시작했다. 사업에 도움이 되기를 바라는 마음도 있었다. 고객들의 집을 인테리어 할 때 좋은 가이드가 되기 위해서는 내 집 역시 직접 경험해야 한다는 사실도 잘 알았다.

몇 년간 공부하며 애쓰던 그 무렵 기회가 찾아왔다. 아내 직장 근처에 우리가 원하는 평수에 비교적 저렴한 매물이 생겼다. 스무 명의 입찰자가 몰린 경매였지만 기적처럼 우리에게 낙찰의 기회가 주어졌다. 우리는 더 나은 환경을 위해 넓은 집을 선택하기로 했다. 50평, 확장된 공간이 우리 앞에 펼쳐졌다.

그날의 마음은 복잡했다. 기쁨과 설렘으로 가슴이 벅차오르면서도 릴스퀘어 대표로서 우리 집을 완벽하게 만들어야 한다는 부담감이 있었다. 늘 고객의 집을 꾸며주던 내가 드디어 우리 가족을 위해 공간을 계획하고 설계하게 되었다는 사실이 인생의

큰 과제로 다가왔다. 편리하면서도 아름다운 집을 만드는 것이 목
표였다. 가족 모두가 편히 숨 쉬고 웃을 수 있는 집을 만들고 싶었
다. 그 집을 만드는 과정에서 진짜 좋은 집이 무엇인지 다시 생각
하게 되었다.

🏠 아름다운 집

"무엇이 좋은 집일까요?" 인테리어 상담을 시작할 때 고객
에게 가장 먼저 건네는 질문이다. 어떤 이는 거실에서 책을 읽을
수 있는 집이라고 답했고 어떤 이는 가족이 함께 식사하는 집이라
고 말했다. 모든 사람이 각자만의 답을 이야기했다. 각자의 상황
에 따라 기준은 천차만별이었다.

나는 아름다운 집을 갖고 싶었다. 50평대라는 넓은 집이
생겼고 디자인에 관한 관심도 최고조에 달한 시기였다. "이왕 이
렇게 된 거, 우리의 집은 아름답지 않을 이유가 없다." 확신을 안
고 아내에게 물었다. "당신이 생각하는 좋은 집은 뭐야?" 그러나
내가 생각한 것과는 다른 답이 돌아왔다. "거실에 장난감은 없었
으면 좋겠지만, 아이기 거실에서 놀면 좋겠어.", "소파는 가죽이면

좋겠어. 곧 지저분해질 테니까.”, “주방은 대면형이었으면 하고 수납은 많으면 많을수록 좋아.” 디자인을 염두에 두고 질문해도 매번 실용과 수납에 대한 답이 돌아왔다. “어떤 스타일이 좋아?”라고 여러 번 되물어도 아내는 웃으며 말했다. “릴스퀘어 포트폴리오는 다 예쁘잖아. 난 당신 믿어.”

기분은 좋았지만 정작 디자인의 실마리는 잡을 수 없었다. 결국 회사에 도착하자마자 디자이너들에게 말했다. “특별하고 아름다운 집을 만들자. 흔치 않은 기회야. 인스타에서 다수가 좋아할 만한 느낌으로!” 내 머릿속에 떠오른 디자인적 요소와 공간별 기능을 한참 설명했다. 그리고 나온 첫 시안은 마치 최근 유행하는 인테리어 요소들이 모조리 담긴 멋진 쇼룸과 같았다. 공간마다 세련된 컬러와 질감, 트렌디한 가구 배치가 눈길을 사로잡았고 조명 하나에도 스타일과 분위기가 정교하게 녹아 있었다. 모든 것이 완벽해 보였지만 아내의 실제 요구와 생활패턴은 하나도 반영되지 않은 상태였다. 나는 잠시 고민했다. “조금 불편해도, 아름답다면 괜찮지 않을까?”

그러나 아내는 달랐다. 점점 얼굴에 불만이 드러났다. 아내의 미묘한 표정 하나에도 나는 마음이 무거워졌다. 사람들은 농담처럼 말했다. “중이 제 머리 못 깎듯, 인테리어 대표의 집은 아내를 만족시키지 못하네." 같이 웃으면서도 마음은 편치 않았다. 부채감은 점점 커졌고 결국 아내의 이야기를 반영하기 위해 설계를 다시 고쳤다. 디자이너들을 붙잡아 고생시키는 과정에서 나는 스스로 물었다. "나는 왜 아내의 대답을 제대로 듣지 못했을까?"

사실 이유는 단순했다. 진짜 대화를 위한 준비 없이, '가족이니까'라고 생각하며 편안함에 기대어 일방적으로 질문을 던진 것이다. 아내는 그저 내 기분을 맞춰주고 있었을 뿐이었다. 그제야 나는 깨달았다. 좋은 집이란 사진 속의 쇼 룸이 아니라, 우리 삶이 편안히 호흡할 수 있는 공간이어야 했다.

🏠 성찰의 집

좋은 집은 무엇일까? 이후로도 나는 이 질문을 수없이 반복하며 살아왔다. 고객에게도, 동료에게도, 그리고 나 자신에게도 던졌던 질문이었다. 그런데 오래 고민할수록 집에 대한 답은 늘 삶에 대한 답과 겹쳐 있었디. 좋은 집은 결국 좋은 이야기가 남긴 집이 아닐까.

누가, 언제, 무엇을, 어떤 감정으로 살아가는지 들여다볼 수 있는 집이 좋은 집이다. 그 작은 이야기가 쌓여 우리의 삶을 따뜻하게 비춘다. 현관에서 아이의 신발을 고쳐 신겨주던 일과 늦은 밤 부엌 식탁에 놓인 두 잔의 차, 주말 오후 거실 소파에 누워 거실로 스며든 햇볕을 쪼이던 순간 같은 것들 말이다. 인테리어 완성도보다 더 오래 남는 것은 결국 그 안에서 오간 이야기들이다.

좋은 집은 그런 이야기들이 모여 서로를 묶어주며 웃게 하고 때로는 눈물로 위로하는 공간이다. 나는 문득 되묻게 되었다. "우리 집에는 어떤 이야기가 흐르고 있는가?" 이 책은 그 질문에 답하기 위해 쓰였다. 더 좋은 이야기를 만들기 위한 작은 힌트들을 넣으려고 애를 썼다. 이미 자라나고 있을지 모르는 독자들의 숨은 이야기를 발견하게 했기를 기대하는 마음도 담았다. 이 책을 읽는 모두가 자신만의 집 이야기를 소중한 사람들과 함께 느끼고, 즐기며, 공감할 수 있기를 바란다.

 오늘이네 집

"세상에서 가장 소중한 것으로 내 아이를 부르고 싶다." 그런 마음으로 아이의 이름을 지었다. 오랜 고심 끝에 지은 이름이었다. 우리의 '오늘'이 태어난 순간, 집은 또 한 번 완전히 다른 모습으로 변했다.

거실 바닥에는 두꺼운 매트가 깔렸고 소파 모서리마다 코너 쿠션이 붙었다. 장모님이 마련해주신 최신식 냉장고에는 이제 아이가 열지 못하도록 작은 플라스틱 잠금장치가 달렸다. 밤 아홉 시 이후의 발걸음에는 '층간소음'이라는 보이지 않는 시간표가 덧입혀졌다. 아이의 시선이 머무는 곳마다 배움의 터가 되었다. 첫 단어가 집 안의 물건을 가리키며 흘러나올 때 우리는 깨달았다. 색, 형태, 질감, 그리고 온기. 집 안의 모든 것이 언어가 되어 아이의 세계를 넓혀주고 있었다.

거실 벽 한쪽에는 낮은 선반을 두어 아이가 읽고 싶은 책을 스스로 고를 수 있도록 했고 주방 옆 벽에는 키를 재는 작은 표시가 하나둘 새겨졌다. 싱크대 옆의 컵 하나는 아이 손이 닿는 높이에 두었다. 맨발로 뛰어다니다 멈추는 자리에는 계절의 차가움을 눌러줄 작은 고무 매트를 깔았다. 집은 아이를 중심에 두기로 선택하며 우리의 생활 습관과 기준을 한칸씩 뒤로 물렸다. 사실 그 시간은 우리 부부가 공간을 사랑의 언어로 번역하는 법을 배우는 시간이었다.

　　그래서였을까. 인테리어 상담 중 아이를 키우는 고객을 만나면 유난히 반가웠다. 아이 이야기를 나누다 보면 아이와 함께 살아가는 집을 어떻게 만들어야 할지 서로의 고민이 자연스레 흘러나왔다. 그 대화는 곧 우리 아이 방을 어떻게 채워나가야 할지에 대한 나의 고민을 단단하게 해주었다. 문득 아이와 함께하는 순간이 곧 나를 성장하게 하는 시간이라는 것을 깨닫게 되기도 했다.

　　집은 늘 나보다 먼저 변했고 나는 느리게 뒤따라가며 삶을 배웠다. 어른이 되면 나를 성장시킬 수 있는 곳은 회사나 사회밖에 없다고 생각했다. 그런데 정작 나를 가장 깊숙이 변화시킨 건 집이라는 공간이었다. 아이가 넘어질까 두려워 모서리를 둥글게 다듬던 마음과 밤새 뒤척이는 숨결을 들으며 다시 나의 하루를 돌아보던 순간들, 사소한 불편을 고쳐주기 위해 그림을 그리고 동선을 수정하던 손끝…. 그 모든 장면이 나를 더 좋은 사람으로, 더 다정한 어른으로 만들고 있었다.

　　집은 결국 우리가 살아내는 방식의 거울이었다. 아이가 자라면서 집도 자라났고 그 사이에 서 있던 나도 조금씩 달라졌다. 집을 돌본다는 건 결국 나와 사랑하는 사람들을 돌보는 일이다. 그래서 나는 오늘도 집에 귀 기울인다. 나의 집이 여전히 나를 길러내는 중이기 때문이다.

당신에게 좋은 집

우리는 좋은 집을 원한다. 그러나 좋은 집의 기준은 남이 정해줄 수 없다. 집은 입지와 가격의 숫자가 아니라 그 안에서 살아가는 나와 가족의 경험으로 완성된다. 좋은 집은 넓고 비싼 집일 수도 있고 좁아도 마음이 편안한 집일 수도 있다. 길목의 작은 카페와 아이가 뛰어놀 수 있는 거실, 하루를 차분히 마무리할 수 있는 침실이 있다면 그 집은 이미 충분히 좋은 집이다.

나는 집의 가치가 자산이 아닌 경험의 가치와 연결되기를 바란다. 아침 햇살이 얼마나 들어오는지, 밤에 얼마나 조용히 잘 수 있는지, 공기가 쾌적한지, 아이가 안심하고 뛰어놀 수 있는 공간이 있는지, 이웃과의 관계가 편안한지와 같은 것들이 더욱 중요한 기준이 되기를 희망한다. 이런 요소들은 돈으로 쉽게 계산되지 않지만 실제로는 하루의 피로와 만족을 좌우한다.

좋은 대학에 들어갔다고 해서 인생이 성공으로 보장되지 않는다는 사실을 우리는 이미 안다. 그러나 여전히 많은 제도가 '좋은 대학의 문을 어떻게 통과할까'에만 집착한다. 시험 준비 자체가 무의미한 것은 아니지만 그것이 삶의 태도와 성숙을 곧장 대변하지는 않는다. 나는 이 현상을 부동산 가격에서도 똑같이 본다. 오르는 집을 먼저 사야 한다는 강박과 남들이 원하는 입지를 선점해야 한다는 불안이 있다. 그러나 가격은 주식처럼 수요와 공급의 착시에 흔들릴 수 있다. 그리고 무엇보다 좋은 집의 기준은 누구에게나 같을 수 없다.

누군가에게는 의사가 최고의 직업일 수 있지만 누군가에게는 전혀 그렇지 않은 것처럼 집도 마찬가지다. 보편적 순위가 아니라 나의 기질, 가족의 습관, 우리가 원하는 하루에 따라 좋은 집의 기준이 달라진다. 시간이 흐른 뒤 성공이라고 부를 수 있는 순간은 남이 세운 기준을 통과해 결과를 얻을 때가 아니다. 진정으로 기쁜 순간은 나를 잘 관찰하고 그 안에서 내가 좋아하는 무언가를 발견해 조금씩 실천하는 것이고, 또 그 발자취를 발견하는 때일 것이다. 물론 지금까지 집의 가치는 면적, 입지, 시세처럼 측정이 가능한 지표로 설명되었다. 하지만 언젠가는 그 기준이 달라져 삶의 질과 경험이 집의 가치를 말하는 시대가 올 것이다. 나는 그 변화를 믿고 또 기다린다.

나는 내 아이가 미래에 아주 행복하기를 바란다. 그러나 무엇보다 지금 주어진 이 순간, 오늘 가장 행복할 수 있기를 바란다. 좋은 집은 그 소망을 가능하게 하는 가장 확실한 공간이다. 집은 오늘의 행복을 미루지 않게 붙잡아 주고 과거에 매여 있는 일이 없도록 다독인다. 완벽한 집은 없다. 다만 지금의 삶에 꼭 맞고 오늘을 살아낼 수 있도록 힘을 주는 집이 있을 뿐이다. 그런 집이야말로 우리 가족에게 좋은 집이다. 언젠가 우리가 떠난 뒤에도 집에 대한 기억은 여전히 아이의 마음에 남을 것이다. 그런 기억을 가진 사람이라면 이전의 웃음과 대화, 작은 습관을 마음에 품은 채로 미래를 향해 나아갈 수 있다.

집의 의미

집이 나를 말해줄 때

초판인쇄 2026년 3월 31일
초판발행 2026년 3월 31일

지은이 오류록
사진 mingrapher · 오투아 · HW STUDIO · 레이리터
발행인 채종준

출판총괄 박능원
책임편집 구현희
디자인 홍재희
마케팅 문선영
전자책 정담자리
국제업무 채보라

브랜드 크루
주소 경기도 파주시 회동길 230(문발동)
문의 ksibook1@kstudy.com

발행처 한국학술정보(주)
출판신고 2003년 9월 25일 제406-2003-000012호
인쇄 북토리

ISBN 979-11-7457-509-8 03590